THE FISH
魚と出会う図鑑

長嶋祐成

河出書房新社

［ピラニア・ナッテリー］（未成魚）
Pygocentrus nattereri
セルラサルムス科ピュゴケントルス属
体長：30cm
分布：南アメリカ北中部

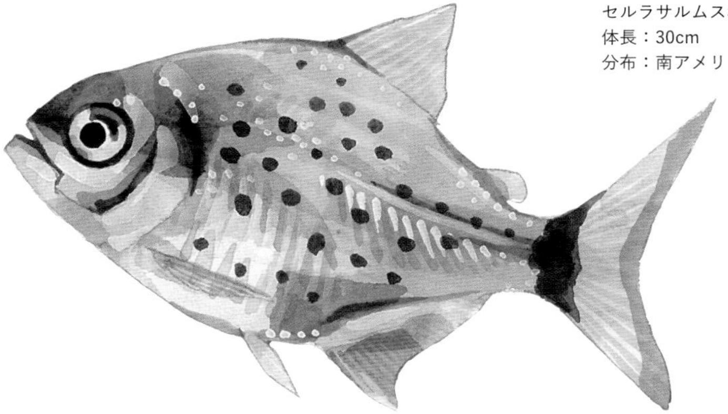

[ピラニア] まえがきにかえて

小学校低学年のころ、生き物漫画に描かれた「アマゾンの人食い魚」ことピラニアに心を摑まれた。傷ついた牛が川に足を踏み入れた途端、ピラニアたちが湧き立つように襲いかかり、ややあって水面が鎮まったと思うと牛の頭蓋骨がプカリと浮く。その生々しく恐ろしい描写に気持ちが高ぶった。こんな魚が本当にいるのか、まるで想像上の怪物ではないか。

しかしほどなくして、家族で出かけた週末の百貨店のペットコーナーで、その怪物が値札を付けて売られているのに出くわした。それは四センチほどの幼魚で、つぶらな目と薄く繊細な体は人食いの異名にそぐわなく思えた。この愛らしい小魚のどこに、牛を骨だけにする残虐さが潜んでいるのだろう。僕は水槽セットを両親にねだり、パニック映画の冒頭を見るような恐れ混じりの期待をもって、五尾のピラニアを飼い始めた。

かれらが実際、小さな怪物であると知るのに時間はかからなかった。餌のメダカを泳がせればたちまち群がって貪り、のみならず互いのひれや体にまで齧りついた。その一方で意外に神経質なところがあり、水槽を覗き込むと警戒してイライラと物陰に身を寄せ合った。

共食いを繰り返して数ヶ月のうちに一尾になってしまったピラニアは、金魚をひと噛みで真っ二つにしてしまう大きさにまで育ち、僕が中学生のときに突然死んだ。

ただ想像するにすぎなかった生き物が、形をもって目の前に現れる。それは思い描いていた姿と違ったり、あるいはその通りだったりしながら、現実の手触りをともなって僕の世界に位置を占める。その都度、僕は新たな測量を得て地図を描き直し、描き加え、新しい色を置く。その喜びは何物にも代えがたい。だから今日まで、飽きることを知らず魚との出会いを求め続けている。

本書では、そんな中で特に印象深い魚を取り上げた。必ずしも出会いそのものが特別だったわけではない。別の体験や知識と結びつくことで、さまざまに意味を帯びていった。多くの項目で、分類上の類縁関係にかかわらず複数の種を紹介しているのはそのことによる。

それぞれの魚には、基本的な情報である和名・学名・分類・体長・分布を付記した。和名のない種は学名のみの表記としている。また幼魚や若魚の姿を描いたものには、それらの成長段階をまとめて指す語として（未成魚）と付け加えた。

お手に取ってくださったみなさまも、魚にまつわるいろいろな思い出をお持ちだと思います。ページをめくっていただく中で、もしもそこへ繋がる何かがあったならば、この上ない喜びです。

目　次

III. 広がりゆく世界

I. 自分でないもの

夕暮れの海に向かって竿を振る。波紋が立ち、何事もなく消えてゆく。
虫の音、鳥の声、砂にしみこむ波の音。
とりまくすべてが、僕の思惑とは関係なくただそこにある。
そんな世界のありように気づかせてくれたのは、魚たちだった。

［タメトモハゼ］
Ophieleotris sp.1
カワアナゴ科タメトモハゼ属
体長：20cm
分布：種子島～琉球列島／インド・西太平洋

四年前、石垣島に居を移した。周囲を取り囲むのは、極彩色の美魚や怪物めいた大物がひしめくサンゴ礁の海である。釣り好きならば誰もが羨む環境だ。

これからは毎日好きなだけそんな魚たちと出会えるんだと、心を躍らせて島での暮らしを始めた。ところが実際には、今日も釣れないなと首をかしげながら、美しい白砂の海や暮れなずむマングローブ林を歩いている時間がほとんどなのだ。

そんな「釣れない釣り」が、しかし、心の片隅にじんわりと温かい気持ちを呼び起こす。小学五年生のときに父と初めて行った釣りのことを思い出すからだ。初心者向けのハゼ狙い。住まいのある大阪から、福井県までの小旅行だった。

遅い午後にホテルに着き、夕食のあと敷地内の浮き桟橋で竿を出した。仕掛けを沈め、竿先の印に目を凝らす。そんなにうまくいくもんじゃない、だから期待しすぎないように――過度な落胆を避ける心の持ちようは既に身につけていた。

背後に立つホテルの灯りが水面に映り、父と僕のどちらかが身じろぎするたびに桟橋の立てる波紋に揺れた。竿は微動だにしなかった。暗い海でハゼが餌のゴカイににじり寄る姿はありありと想像できるのに、現実はそうではないらしかった。

何度めかに仕掛けを上げたとき、すっかり弱ったゴカイを見て、どちらからともなく戻ろうかと言った。部屋に戻って、父はビールを飲んだ。僕に落胆はなく、海の底に思いを及ばせた高揚感の名残がむしろ心地よかった。父のビールも同じ理由でさぞおいしかっただろうと、今ならば分かる。

そうして釣れないことの思いがけない楽しさとともに、僕の釣りは始まった。

［ホシマダラハゼ］
Ophiocara porocephala
カワアナゴ科ホシマダラハゼ属
体長：26cm
分布：種子島～琉球列島／インド・太平洋
タメトモハゼとともに、大きさや独特の風貌・紋様から、
石垣島に生息する多様なハゼの中でも特に印象深い

初めての釣りの記憶。
海は思い通りにならない

［マハゼ］

Acanthogobius flavimanus
ハゼ科マハゼ属
体長：20cm
分布：北海道～屋久島／朝鮮半島、中国

釣りを始めたばかりの父と僕にイロハを教えてくれたのは、知人のMさんだった。手堅いターゲットだったはずのハゼを釣り損ねた僕たちを見かねてか、ある週末、大阪府下の人気の釣り場に案内してくれることになった。

アジ、サバ、ベラ、フグ……いろんな魚たちが次々と竿を震わせたその日の高揚感を、僕は終生忘れることがない。中でも、父が釣り上げた小さな赤い魚と、それを見たMさんの「ガシラ*ですやんか！」という喜色に満ちたひとことは、魚の絵描きである今の僕の出発点になった。

海の青、コンクリートの灰色を背景に、棘の立ったえらとひれを目一杯広げて身を反らせるカサゴ。Mさんは味の良さを言いたかったのだと後で気づいたが、僕はその格好良さに魅せられた。食べるために殺してしまえば、あるいは海へと還してしまえば、この姿にはもう二度と出会えない。生かしたまま持ち帰って飼育したとしても、出会った瞬間の感動が蘇ることはないのだ。

それをなんとか翌日以降も手元に残したくて、小学校の休み時間、ノートの余白に小さな魚の絵を描くようになった。大人になって一人で釣りをするようになり、釣り方も狙う魚も当時とは違ったものになった。しかし出会いの感動をとどめ置きたいという思いは変わることなく、水辺で見た姿を心に刻みながら魚を描いている。

* ガシラ……主に関西でのカサゴの地方名

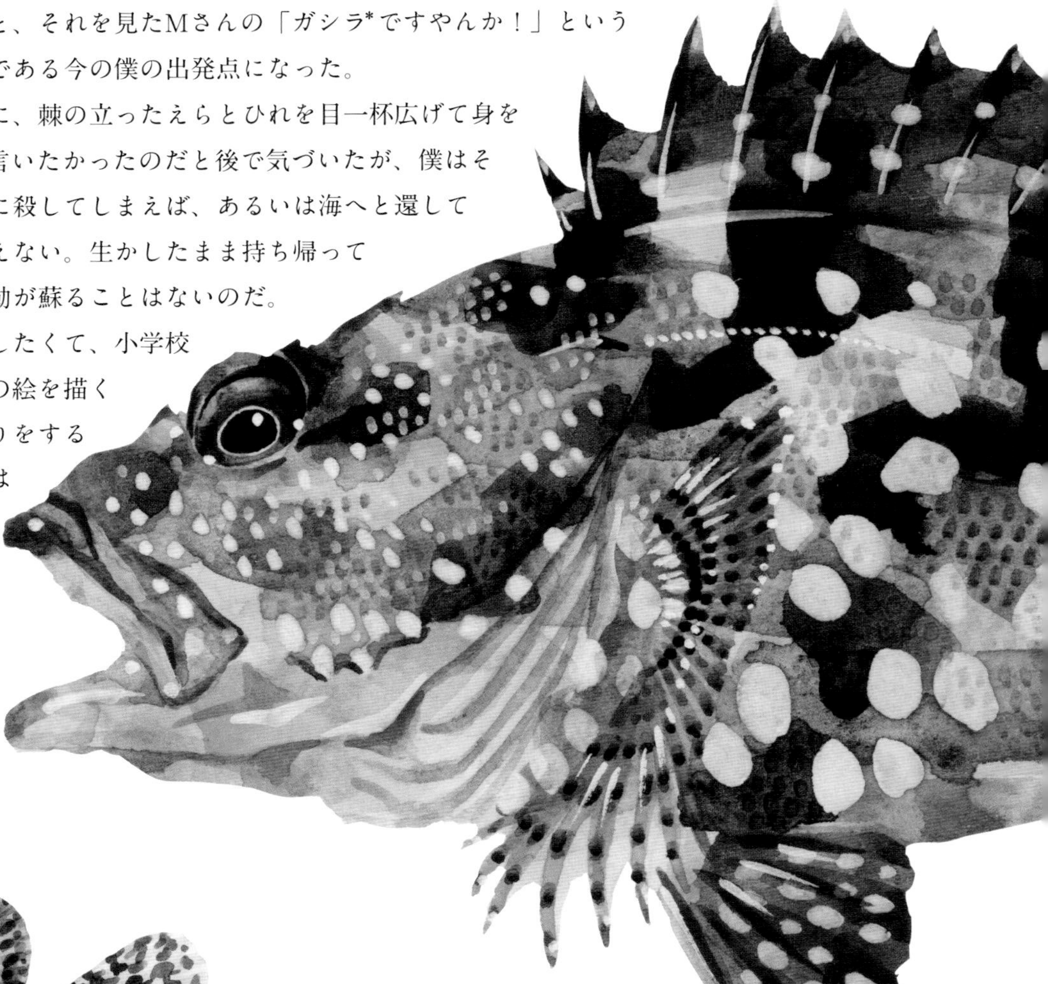

[グアムカサゴ]
Scorpaenodes guamensis
フサカサゴ科イソカサゴ属
体長：9cm
分布：八丈島、琉球列島／インド・西太平洋
熱帯性の小型種。
暖かい海ではハタ科魚類が同様の生態的地位で幅を利かせているため、カサゴの類が釣れると新鮮な喜びを感じる

［ミノカサゴ］
Pterois lunulata
フサカサゴ科ミノカサゴ属
体長：20cm
分布：北海道〜種子島／朝鮮半島

［カサゴ］
Sebastiscus marmoratus
メバル科カサゴ属
体長：25cm
分布：北海道〜九州／朝鮮半島、中国

手元にとどめ置きたい、
出会いの感動

すべての命に、
その個にしか知り得ない時間が流れている

魚に流れた時間というものを初めて意識したときのことを覚えている。

二十五年前の、大阪湾のとある河口での夜釣り。街の灯を受けて、空全体が赤紫色に煤けていた。対岸の工場群からも光が漏れ、濁った波頭を透かしている。人工物の気配に満ちた海で、父の竿を大きく曲げて揚がったのが、一尾の年老いたキチヌだった。

玉網の中で横たわって大息を吐く魚体。鱗は傷ついたり並びが乱れたりして、懐中電灯の光をぎらりと不規則に照り返している。ひれは何ヶ所か大きく裂けて、それを支えるすじはゴツゴツとゆがんでいた。持ち帰ってさばいてみると、身に白いこぶのようなものが埋まっていた。調べてみると、どうやら寄生虫が巣喰った痕らしかった。

母に教えてもらいながらソテーにして食べたけれど、おいしかった覚えはない。味の良し悪しよりも、一個の命をここで終わらせたという生々しさに居心地が悪かったのだ。

僕が僕自身にとってかけがえのない時間を重ねながら今を生きているのと同じように、すべての命にその個にしか知り得ない時間が流れている。おぼろげにそう思い知らされたのを、鱗を剝いだ後のキチヌの皮の、もはや頼りない手触りとともに思い出す。

[キチヌ]
Acanthopagrus latus
タイ科クロダイ属
体長：45cm
分布：千葉県〜九州南部／朝鮮半島、中国、ベトナム

［クロダイ］
Acanthopagrus schlegelii
タイ科クロダイ属
体長：50cm
分布：北海道〜屋久島／朝鮮半島、中国、ベトナム

［ニホンウナギ］
Anguilla japonica
ウナギ科ウナギ属
体長：80cm
分布：岩手県〜沖縄県／朝鮮半島、中国
アナゴ同様、身近だが生態には未解明な点もあり
ミステリアスな存在

水の中は人が生きていけない世界で、その意味において「死」に近い。暗闇に包まれる夜ともなればなおさらだ。夜釣りの経験がある人なら、誰しも一度はそんな気配に身震いしたことがあるだろう。

これも釣りを始めて間もないころのことだ。釣り場で日没を迎えた僕は、仕掛けを沈めた竿を桟橋に置いたまま、父と並んで漫然と海を眺めていた。すると突然、竿が音を立てて海の方へ引きずられた。「あっ」と声を上げて駆け寄った僕の手をすり抜け、バランスを失った竿はそのまま海に落ちてしまった。

懐中電灯を向けると、初めての釣りから使っているお気に入りの竿が波に揺られている。どうしようかとうろたえるうちに、竿は海中の何ものかにさらに引かれたのか、濁った水の中へすうっと消えていった。僕は自分の一部を失ったかのように感じて総毛立った。

意気消沈したまま予備の竿で釣りを続けていると、父が一尾のアナゴを釣り上げた。覗き込むと、アナゴの口からは父の仕掛けとは別に、もう一本糸が出ている。その先は海の方へ続いていた。糸の色にハッとしてたぐり寄せると、果たしてさっき沈んだ僕の竿がゆっくりと海面に浮かび上がった。

竿が戻った嬉しい驚きの一方で、真っ暗な海の底を見てきた竿が、死の世界から帰ってきたような気がした。アナゴという、愛らしい表情にどこか得体の知れなさを匂わせる魚も、その使者としてふさわしく思えた。

振り返ると、すっかり夜闇に包まれた桟橋で、父も驚きの中に恐怖を含んだような顔をしている。僕たちはそそくさと帰り支度をした。

死を思わせる、
真っ暗な海の底を見てきた竿

［マアナゴ］

Conger myriaster

アナゴ科クロアナゴ属
体長：50cm
分布：北海道〜九州南部／朝鮮半島、中国

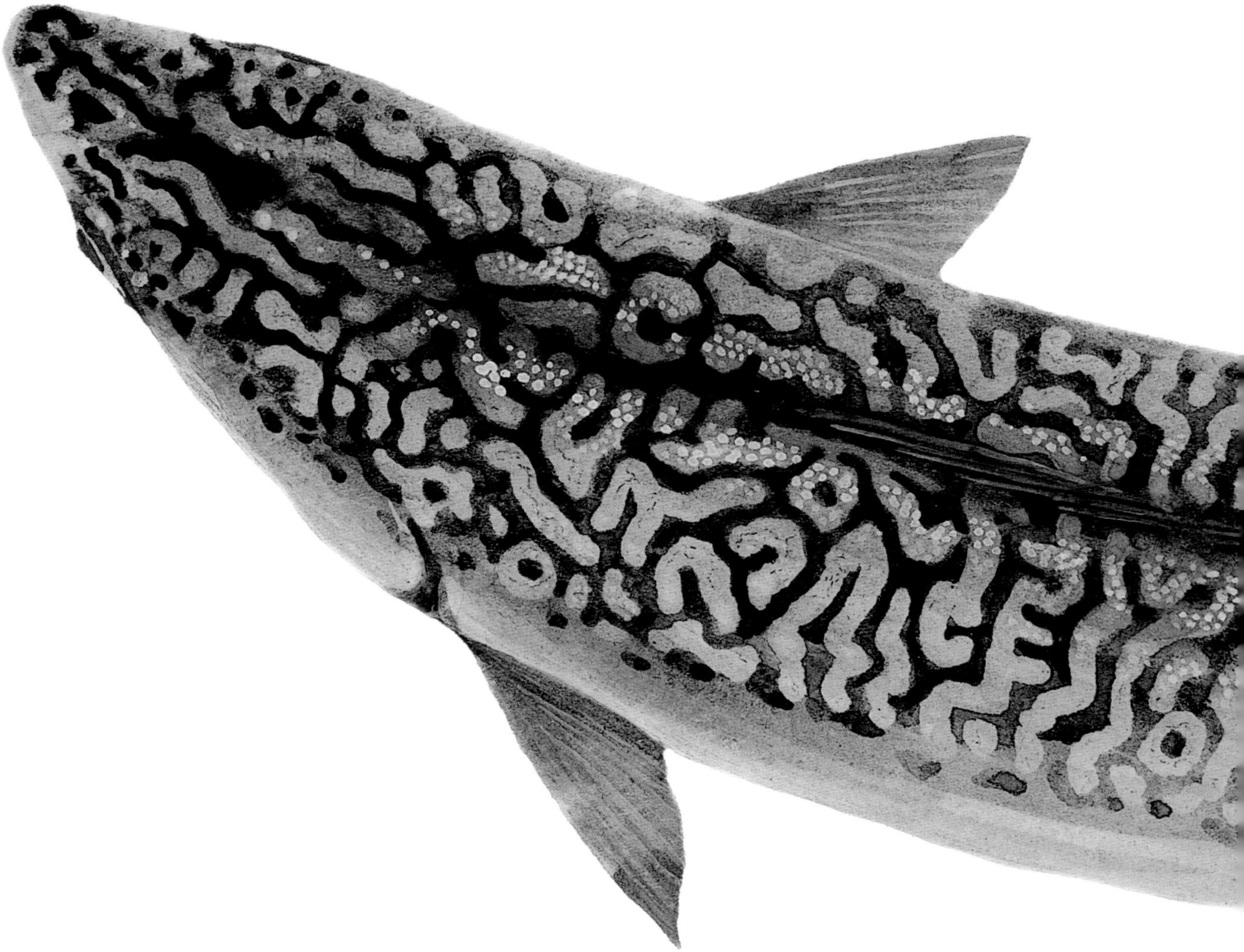

夕暮れの残光の下、
魚の波紋は海一面に広がった

[マサバ]

Scomber japonicus
サバ科サバ属
体長：50cm
分布：北海道〜九州南部／朝鮮半島、中国、フィリピン、
ハワイ、南北アメリカの太平洋沿岸

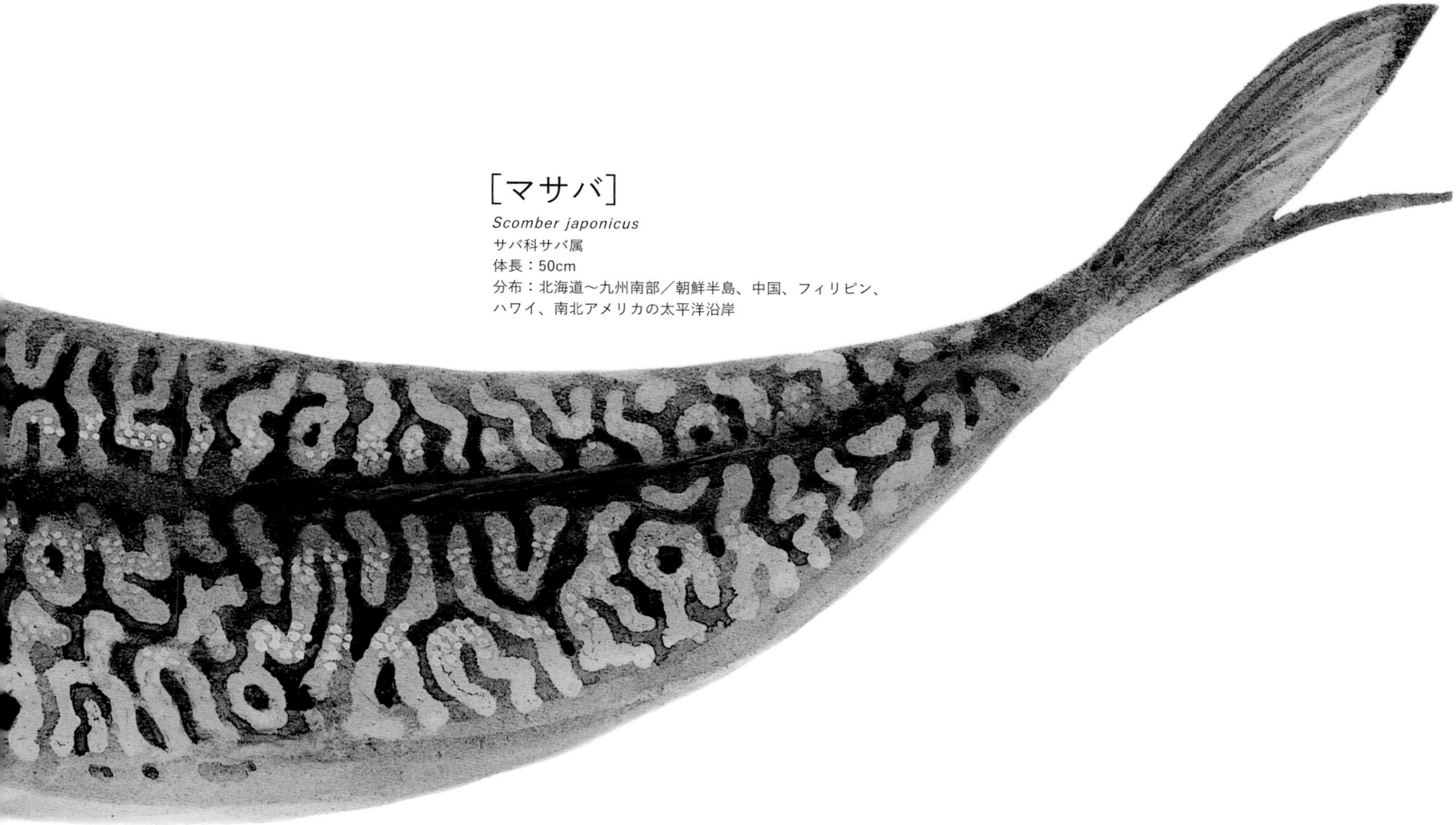

生きたサバの背は美しい。青みがかった翠の光沢は重層的で、表面の反射をすり抜けた光はそのまま奥へ奥へと溶け込んでゆく。たっぷりの空気を含んだ深い滝壺を見ているかのようだ。

海面を埋め尽くすほどのサバの群れに出会ったことがある。二十五年前の、兵庫県のとある堤防。夕暮れの海は既に色を沈めて、ただ薄い絹織物をかぶせたように穏やかに残光を映していた。

ふと、沖の一角にざわりと波紋が立った。魚たちの捕食活動が活発になるこの時間帯では、珍しくないことである。しかしこの時は様子が違った。波紋は枯れ草の野に火が着いたように見る間に広がり、とうとう海一面をけたたましく掻き乱した。

呆然と眺めていた僕は気を取り直し、群れの中に仕掛けを投げ込んだ。太く肥えたサバが白い腹を見せ、連なって揚がってくる。見事な大きさで、釣れるだけ釣ってしまってはとても食べきれない。ほどほどのところで竿を仕舞った。

家に帰ってクーラーボックスを開けると、堤防で確かに目にした生時の輝きは失われていた。美しさは既に、あくまで鮮魚のそれだ。脂の乗った身のなめらかさを包丁の刃先に感じながら、見渡す限りのサバの背を思い出した。黄昏の光の下ではとてもそんなはずはないのに、そのひとつひとつに翠の深淵を見て取ったという記憶を、今日にいたるまで持ち続けている。

［ゴマサバ］ *Scomber australasicus*　サバ科サバ属
体長：50cm　分布：北海道〜九州南部／朝鮮半島南部、フィリピン、ニューギニア、オーストラリア、ニュージーランド、ハワイ、紅海、アフリカ南部

［タイセイヨウサバ］ *Scomber scombrus*　サバ科サバ属
体長：50cm　分布：北大西洋（北アメリカ沿岸、アイスランド沿岸、ヨーロッパ沿岸）、地中海

Scomber colias　サバ科サバ属
体長：35cm　分布：大西洋（南北アメリカ沿岸、アフリカ沿岸）、地中海

［オウゴンムラソイ］
Sebastes nudus
メバル科メバル属
体長：26cm
分布：北海道〜九州北部の日本海沿岸、
東北〜相模湾の太平洋沿岸、瀬戸内海／
朝鮮半島南部、中国

父と熱中した釣りも進学とともに足が遠のき、いつしかすっかり遠く懐かしい思い出になってしまっていた。再開したのは東京での社会人生活も三年めを迎えたころのことだ。旧友に誘われ、自分が釣り好きなのを思い出したのだった。

また憑かれたように海に通うようになった。狙いはムラソイ。カサゴに姿も習性もよく似ており、子どものころに憧れながら出会えずじまいだった魚だ。

週末ごとに空振りを続けた僕は、次第に遠方へと足を延ばした。そして都内の住まいからとうとう片道四時間半をかけて辿り着いた静岡県のとある港の片隅で、波打ち際の小さな岩穴から一尾のムラソイを釣り上げた。かれらはカサゴと違い、岸壁よりも波が砕けて泡立つような岩場を好んで住処にするのだと、そこでようやく知った。

それからというもの、僕の釣り場は岩場へと移った。ウォーターシューズを履き、浅瀬に足を浸けてムラソイの潜んでいそうな穴を探した。その釣りは僕に新しい感覚をもたらした。身をもって感じる、海のエネルギーの大きさだった。引き潮が満ちに転じたときの、海面上昇の思いがけない速さ。岩にぶつかる波の振動と咆哮。突然大きなしぶきが上がって、全身ずぶ濡れになったこともある。

そうして、ムラソイに導かれるようにして、僕は海との距離を縮めていった。しかし一個の人間が近づいたところで海は何も変わらず、一瞥すらくれたのかどうか、ただ巨大なうねりを繰り返すだけである。

波が砕ける岩場で、
身をもって海のエネルギーを知る

［ムラソイ］

Sebastes pachycephalus
メバル科メバル属
体長：32cm
分布：房総半島〜九州南部の太平洋沿岸、
能登半島〜九州南部の日本海・東シナ海沿岸／
朝鮮半島南部、中国

海は思い通りにならない
——その理解もまた、時に覆される

岡山を中心とする瀬戸内の一部で「ままかり」と呼ばれ、親しまれるのがこのサッパだ。おかずとしてあまりにおいしく、ごはん＝飯（まま／まんま）を食べ尽くしてしまって近所から借りてくるほどだ、というのが由来らしい。お土産屋さんでは酢漬けが目立っている。きびだんごほどではないにせよ、岡山といえばままかり、という印象を抱くには十分だ。

その岡山で釣りに誘われた。まさに、ままかりを釣りに行こうと言う。はい！と元気よく返事したはいいが、いくら名物とはいえそう都合よく釣れるものだろうかと半信半疑だった。サッパは珍しい魚ではないが、港で手軽に狙う青魚としてアジやサバやイワシほどには一般的でない。内心、結局はそういった馴染みの魚たちの姿を見ることになるのだろうと思いながら出かけた。

向かったのは市街地の工業港だ。対岸の山々が白く霞む低い曇天の下、既にちらほらと先客が竿を出している。仕掛けを準備して海に沈めると、さっそく竿先が震えた。気をはやらせて巻き上げると、小さく跳ねる白銀の魚体はなんと狙い通りのサッパだった。

ままかり自慢の国で釣りをして、あっけなくままかりを釣る。あまりにも注文通りの展開に拍子抜けして笑ってしまう。その後も立て続けにサッパが掛かり、クーラーボックスの底はたちまち見えなくなった。

海は思い通りにはいかない。しかしそれをもって分かった気になっていると、こうしてあざ笑うかのような肩透かしを食う。

［コノシロ］
Konosirus punctatus
ニシン科コノシロ属
体長：21cm
分布：仙台〜九州南部の太平洋岸、新潟県〜九州南部の日本海・東シナ海沿岸、瀬戸内海／朝鮮半島、中国
いわゆる「コハダ」。小さいころは模様が薄く、サッパに似る

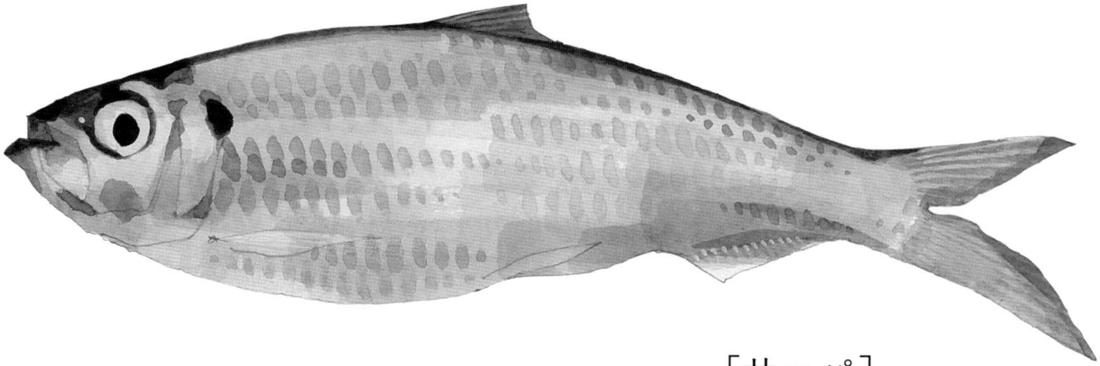

[サッパ]

Sardinella zunashi
ニシン科サッパ属
体長：10cm
分布：北海道〜九州南部／朝鮮半島、中国

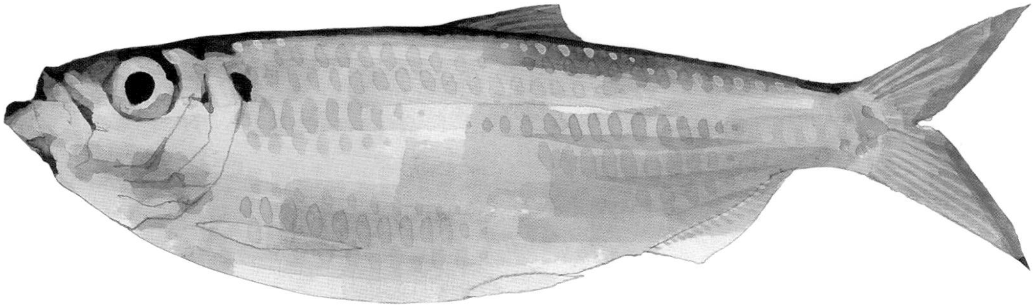

［ハナフエフキ］（未成魚）
Lethrinus ornatus
フエフキダイ科フエフキダイ属
体長：40cm
分布：琉球列島／東インド・西太平洋

［マトフエフキ］
Lethrinus harak
フエフキダイ科フエフキダイ属
体長：45cm
分布：琉球列島／インド・太平洋

［タテシマフエフキ］（未成魚）
Lethrinus obsoletus
フエフキダイ科フエフキダイ属
体長：40cm
分布：琉球列島／インド・太平洋

海という圧倒的な存在の下、対等なものとして魚と向き合う

緑の重なりに恵まれ、石垣島での暮らしが始まった。七年勤めた会社を辞め、十年住んだ東京を離れての移住だった。住まいに関する営みが不得手な僕の引越しは混乱を極めた。やっとの思いで島に降り立ち、徒歩数分で海に出られる新居に入ったにもかかわらず、あらゆる刺激が疎ましくてそのまま家に籠もった。

数日後、ようやく辺りをうかがうように浜へ出て、暖かく美しい海で人生初のシュノーケリングをした。身ひとつで知らない海に漂うのは想像以上に不安で、浅瀬を這い進むのが精いっぱいだったけれど、岩や海藻の陰に潜む小魚の美しさに時を忘れた。

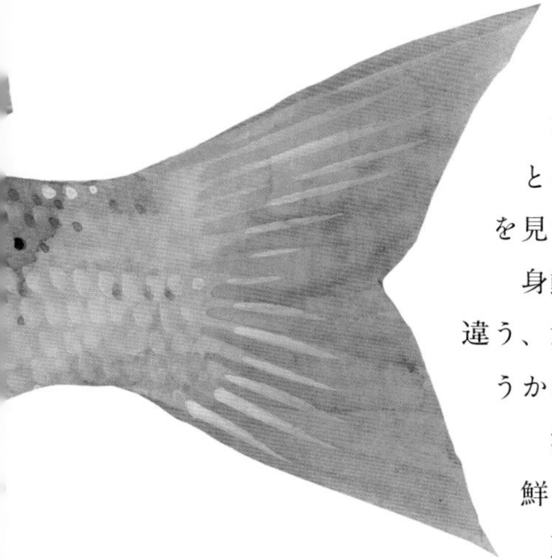

少しずつ緊張も解けたころ、ふいに平たい魚影が視界を横切った。マトフエフキだった。後になって思えば三十センチに満たないほどだったが、水中では物が大きく見えることを知らない僕を怯ませるのには十分だった。少し遠巻きに弧を描きながら、片目でこちらを見ている。

身動きを止め、しばし水中で向き合った。目の前にあるのは、釣り上げて見るのとはまるで違う、意思を感じさせる魚の姿だった。僕がそうであるように、向こうも相手の出方を用心深くうかがっている。

海という圧倒的な存在の下に、人と魚とは対等なのだという気持ちが生まれた。それは新鮮な感覚だった。それまで、人が向き合いやりとりしているのは海であり、魚はそこからの恵み、あるいは通貨のような媒介だと思っていたからだ。その認識の構造的なずれに、僕は初めて気づかされた。

後日、夕飯のおかずを釣りに海に出た。釣れたのはマトフエフキだった。水中での姿を思い出しながら、えらにナイフを刺し入れた。過去に感じたことのない、血の通った愛しさが胸に広がるのを感じながら、クーラーボックスを抱えて家路に就いた。

［ハマフエフキ］（未成魚）
Lethrinus nebulosus
フエフキダイ科フエフキダイ属
体長：70cm
分布：南日本太平洋沿岸、琉球列島／インド・西太平洋

都市生活がいかに光に満ちたものであるかを、石垣島に暮らすようになってすぐに思い知らされた。街灯はなく、外は正真正銘の闇だった。窓を開けていると、灯りに引き寄せられた虫たちが網戸の隙間からどんどん部屋に入ってくる。最低限の光を残してあとは消すようにすると、それでようやく外の暗さと釣り合いが取れたような気がした。

他方、満月になると今度は煌々と空が明るいのである。外に出ると自身の影が長々と路上に伸び、手元は文庫本の文字を追えるほどだ。気持ちが浮き立つまま浜へ出た。青白く照りはえる砂の上に、ポツン、ポツンと小さな黒い影がうずくまっている。腹に卵を抱き、そこから孵る幼生を海へ放出しに来たカクレイワガニだった。

じりじりと汀《みぎわ》へ向かう姿をよく見ようと懐中電灯を向けると、カニは動きを止めた。光を逸らしてこちらも静止するが、警戒したらしくなかなか動き出さない。仕方なくスイッチを切り、砂に腰を下ろした。

カニと並んで海を見る格好である。光を手放したことで、自分が観察者から一個の生き物へと還っていくのを感じた。すなわち光は力なのだと気がついた。光を手にし、それを向けることは、人が自然の系から抜け出す力の行使なのであると。

カニが再び波打ち際へ向かって歩き出した。今度は月明かりだけを頼りに、後を追うことにした。

満月の夜、光を手放して
観察者から一個の生き物へと還る

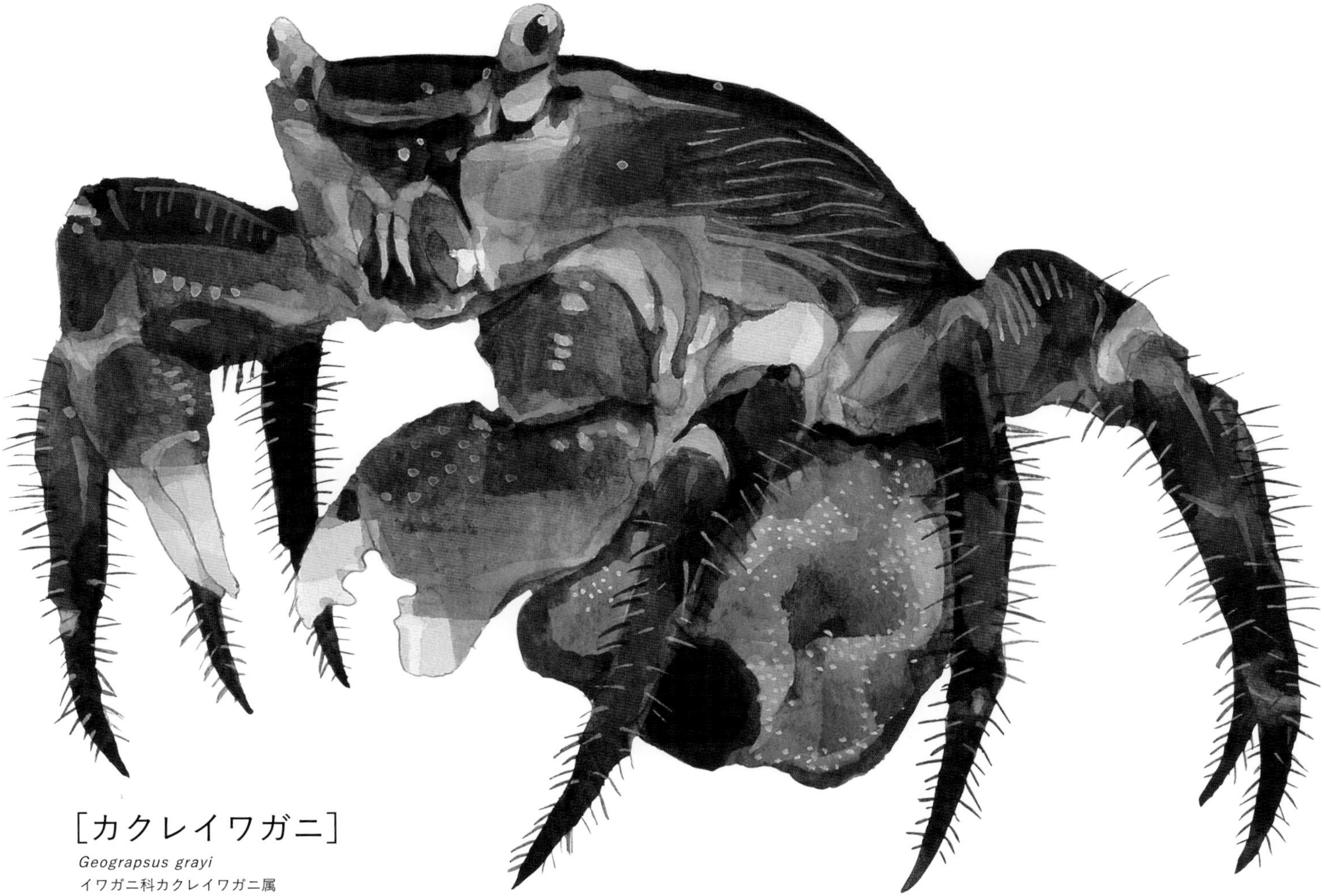

[カクレイワガニ]

Geograpsus grayi
イワガニ科カクレイワガニ属
甲幅：6cm
分布：高知県以南、伊豆諸島／東南アジア、ハワイ、南太平洋、
オーストラリア、インド洋、紅海、アフリカ東岸

ナイフに力を込めると、
知性を感じさせた目から表情が消えた

［ミナミクロダイ］

Acanthopagrus sivicolus
タイ科クロダイ属
体長：40cm
分布：奄美大島、与論島、沖縄島、宮古島、石垣島、西表島

早朝、潮が引いて広々と遠浅になった河口へ釣りに出た。山に囲まれた入江の奥で風もなく、水面は鏡のように静まっていた。魚の形をしたルアー（疑似餌）を浮かべ、泳がせる。弱った小魚が水面を逃げ惑う姿を演じて、大きな魚が食いつくのを待つのだ。

ふいにルアーの背後に波紋が立ったと思うと、コポッという水音ともに竿に手ごたえが伝わった。しかし魚の重みは感じない。続けて二度、三度としぶきが上がるが、いずれも空振り。その様子に、ミナミクロダイではないかと思った。一度空振りすればそのまま通り過ぎて去ってしまう魚も多いが、頭の良いこの魚は執念深く追いかける。ある瞬間から次の瞬間への情報の引き継ぎと判断を、途切れることなく行なっているようなのだ。

何度めかの手ごたえと同時に、竿にぐんと重みが伝わった。浅瀬をバシャバシャと抵抗しながら、魚体を斜めにして引き寄せられたのは、思ったとおりのミナミクロダイだった。

いつもならば写真を撮って海に還すのだが、その日は旅行中の友人が滞在していた。せっかくだから刺身でも振る舞おうとナイフを取り出し、えらに手をかけると魚と目が合ったように感じた。頭が良いという印象のせいか、ことに無念そうに見える。

そのまま放そうかという思いもよぎったけれど、こんな不運もまた、この海で数限りなく繰り返される当たり前の出来事のひとつだろう。自らに言い聞かせて刃先に力を込めると、一瞬全身を震わせた後、目から表情が消えた。

［ナンヨウチヌ］
Acanthopagrus pacificus
タイ科クロダイ属
体長：25cm
分布：西表島、石垣島／中・低緯度の西太平洋沿岸
西表島ではマングローブ域に特に多く見られる

異国の旅、見たことがない景色。
思い通りに釣れるはずもない「初めての魚」

オーストラリア北部を旅した。赤道をはさんで反対側ではあるが、大きく見れば石垣島と同じく太平洋西端の海域を経由する海流が通る地である。魚たちは何が同じで何が違うのか、出会いを思うと胸が高鳴った。

雨季のことで、ハイウェイの両側は走れども走れども広大な水没林だ。どこにでも魚が潜んでいそうで、それゆえかえって目星をつけられない。時おり見かける地元の釣り人は、その多くがバラマンディ狙いらしい。日本のアカメによく似た大型の肉食魚で、釣りの対象として人気がある。苦戦続きの僕には望むべくもない魚に思えた。

ぽつりぽつりと釣れた魚はいずれも石垣島でも見られるもので、物足りなさを感じたまま旅の最終盤を迎えた。翌日の飛行機に向けて、また数百キロのハイウェイを行く復路である。

途中、小さな橋のたもとにあるスペースに車を停めて休憩した。ここもあと二十センチほどで道路が冠水しそうな水位だ。薄く濁った流れに下草がなびいている。何もしないよりはと期待せずにルアーを投げ込むと、魚影が鋭く飛び出した。竿が引き込まれる。慌てて握りなおすと、今度は重みがふっと消えて銀色の魚体が水面から飛び上がった。針が外れては大変だと、やりとりを楽しむ余裕もなく路上にずり上げたのは、三十センチほどのバラマンディだった。ようやく手にした初めて見る魚に、写真を撮る手が震えた。

ふと目を上げると、相変わらずの水没林である。こんな見たことがない景色だ、そもそも思い通りになど釣れるはずがなかったのだと、霧が晴れるように思った。

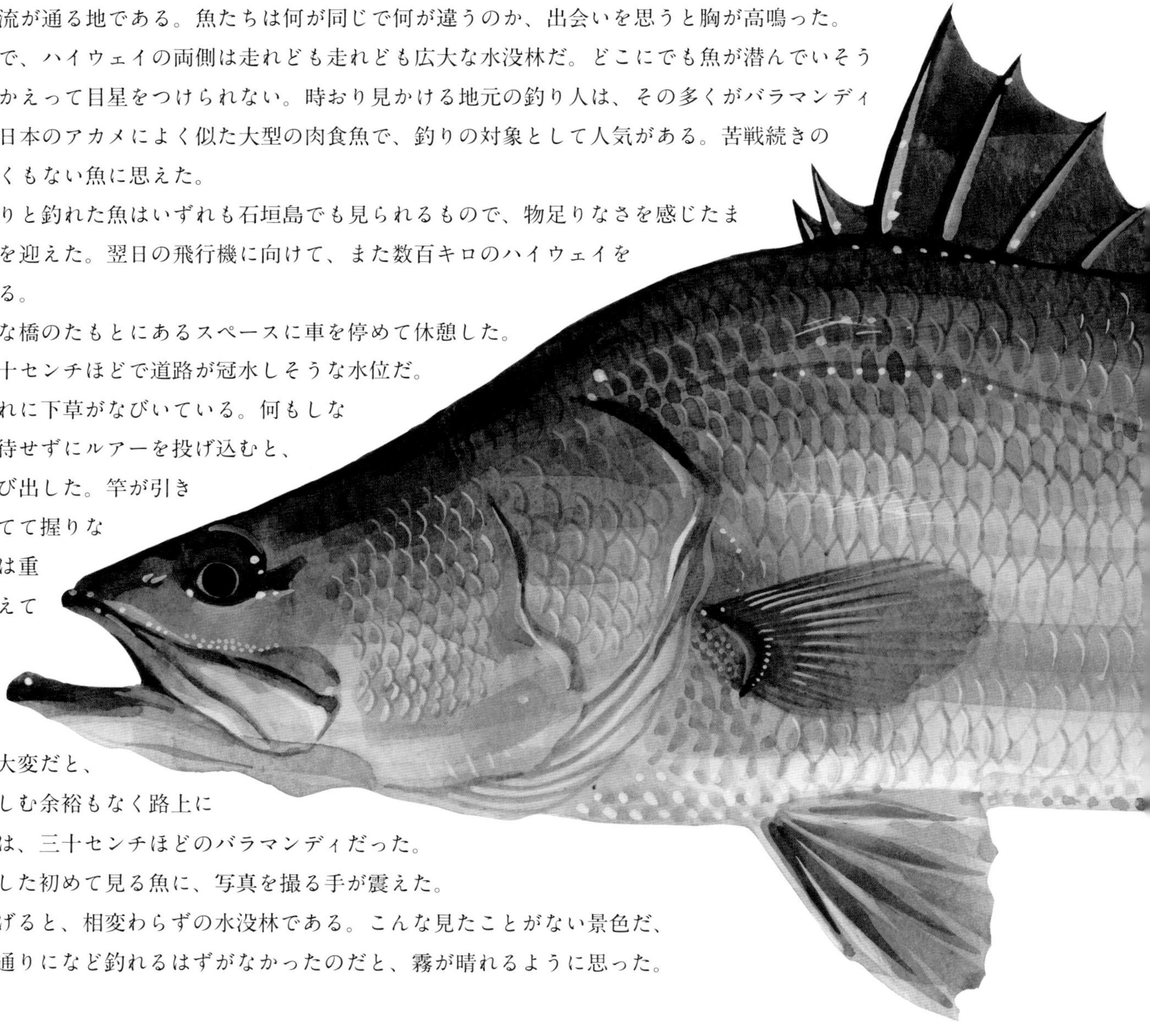

［アカメ］（未成魚）
Lates japonicus
アカメ科アカメ属
体長：100cm
分布：静岡県浜名湖～種子島

［バラマンディ］
Lates calcarifer
アカメ科アカメ属
体長：150cm
分布：インド・西太平洋

［スゴモロコ］
Squalidus chankaensis biwae
コイ科スゴモロコ属
体長：9cm
分布：琵琶湖／各地に移入

［オオクチバス］
Micropterus salmoides
サンフィッシュ科オオクチバス属
体長：50cm
分布：北アメリカ（原産）／
世界各地に移入、国内では北海道〜沖縄県

［カネヒラ］
Acheilognathus rhombeus
コイ科タナゴ属
体長：10cm
分布：濃尾平野〜九州北部／朝鮮半島

［ミナミヌマエビ］
Neocaridina denticulata
ヌマエビ科カワリヌマエビ属
体長：2.5cm
分布：西日本／朝鮮半島、中国

「自分でないもの」が織りなす総体からの無表情な問いかけ

岡山県の親戚の家の傍を、一本の水路が流れていた。駅前から、スーパーの裏を通って大通りをくぐり抜けてゆく。両側と底の三面がコンクリートに覆われ、時にはゴミや油が浮いている。きれいとは言えないが、源である高梁川の恵みか不思議と生き物は多く、訪れるたびに小魚やエビをすくって遊んだ。

ある夏の午後、この水路で感じたよるべなさを、未だ完全には理解できずにいる。いつものように水面を見下ろすと、見慣れぬ大きな魚影があった。ここでは初めて見るオオクチバスだった。在来の魚を駆逐する恐れがあると各地で問題視されている、北米原産の外来種だ。

やはりいたのか、と小魚たちの命運を危惧したが、妙なことに気がついた。かれらはバスから一定の距離を保ちながらも、いつも通りその場に群れたたずんでいた。バスもまた、追い回すでもなくただゆったりとひれを動かしている。

バスは小魚を食べ尽くすはずではなかったか。だからこそ、人はところ構わずこの魚を広めた過去を悔いつつあるのではないか。しかし眼前にあるのは、あたかももとより共存していたかのように穏やかな光景だ。それは僕にとって、小魚を襲う姿よりもはるかに不安なものだった。

何かを投げれば、予想通りのものを分かりやすく投げ返してくる一個の客体——もし自然がそういうものであれば、何を悩むことがあろう。だが人にとって自然とは、すべての「自分でないもの」が個別に自律し織りなす総体である。そしてそれは常にあり方を変えながら、たえず人を包摂しなおす。人もまたその一部であることから逃れられはしない。「では人はどう振る舞う？　自分で決めよ」。水路の光景は、そんな突き放した問いを無表情に投げかけているように思えた。

［オイカワ］
Opsariichthys platypus
コイ科ハス属
体長：13cm
分布：関東〜九州北部／ユーラシア大陸東部

II. 他者のいとなみ

生の気配を感じさせない薄にごりのガレ場に、
ぽつんとそびえるサンゴの塔が見える。
水を蹴って潜ってゆくと、
そこには思いがけなくも身を寄せる無数の生き物たち。
僕が来ようが来なかろうが、
すべての命がそうして世界のどこかで時間を重ねている。

［イッテンフエダイ］（未成魚）
Lutjanus monostigma
フエダイ科フエダイ属
体長：60cm
分布：琉球列島から北へ、主に黒潮流路にあたる太平洋沿岸／
インド・太平洋

［オキフエダイ］（未成魚）
Lutjanus fulvus
フエダイ科フエダイ属
体長：30cm
分布：琉球列島から北へ、主に黒潮流路にあたる太平洋沿岸／インド・太平洋

［ゴマフエダイ］
Lutjanus argentimaculatus
フエダイ科フエダイ属
体長：80cm
分布：琉球列島から北へ、主に黒潮流路にあたる太平洋沿岸。
岩手県からも記録がある／インド・太平洋

［バラフエダイ］（未成魚）
Lutjanus bohar
フエダイ科フエダイ属
体長：100cm
分布：琉球列島から北へ、主に黒潮流路にあたる太平洋沿岸／インド・太平洋
成長するとゴマフエダイに似た赤い体色になる。
幼魚の頃は小型のスズメダイの仲間に擬態しているとされる

［ロクセンフエダイ］（未成魚）
Lutjanus quinquelineatus
フエダイ科フエダイ属
体長：25cm
分布：琉球列島から北へ、主に黒潮流路にあたる太平洋沿岸／
インド・西太平洋

［フエダイ属の魚たち］

［ナミフエダイ］（未成魚）
Lutjanus rivulatus
フエダイ科フエダイ属
体長：70cm
分布：琉球列島から北へ、
主に黒潮流路にあたる太平洋沿岸／
インド・太平洋

光と色に満ちた南の海で、その住人に出会う

北杜夫の『どくとるマンボウ昆虫記』に、こんな一節がある。小学生のころ、身近な虫の名を知りたくて貯金をはたいて昆虫図鑑を買うのだが、家に帰って開いてみるとそこに並んでいるのはまるで見慣れぬ虫たちだった。書店で間違って外国産の昆虫図鑑を手にしてしまったのだ。消沈した北少年の昆虫熱は一時冷めた、というものである。

これを読んだとき、その落胆は実によく分かると思った。人は未知のものに惹かれるが、その興味を保つには自らの生きる世界とどこかで地続きにつながっているという実感が必要なのだ。当時の北杜夫にとって外国の昆虫は、あまりに遠くかけはなれた現実味のない存在だったのだろう。

石垣島へ移り住むことになったとき、果たして南の海の魚たちを好きになれるのだろうかと不安だった。本州で生まれ育った僕にとって、かれらは色も形も、あるいは学術的な分類においても、馴染みの薄い存在だったからだ。

しかしそれは杞憂であるとすぐに分かった。光と色に満ちて、突つけば弾けそうなエネルギーを湛えた石垣島の海で出会う魚たちには、その住人としての説得力があった。異邦人はむしろ自分だと気がついたが、海のほうは僕に興味がなく、受け入れも拒みもしない。その無関心をいいことに、図々しくも移住前の不安などなかったもののように魚たちを追い求めた。

フエダイ属の魚たちは、暖かい南の海で栄華を誇るここの「顔」たちだ。島の海を釣り歩くと、場所ごとに色や形や顔つきや、さらには性格も異なるさまざまなフエダイに出会う。その多様な繁栄ぶりは、かれらが確かにこの地に長く根を下ろしてきた住人なのだと教えてくれる。

［クロホシフエダイ］
Lutjanus russellii
フエダイ科フエダイ属
体長：50cm
分布：琉球列島から北へ、主に黒潮流路にあたる太平洋沿岸。
日本海沿岸や大阪湾でも見られる／中国、フィリピン、
インドネシア、オーストラリア北部

はるか南の海の気配を届ける儚い使者

南の海には、成長すると種によっては一メートル以上にも達する大型のアジの仲間が棲んでいる。その幼魚を釣り人は総称して「メッキ」と呼ぶ。白く平たい体が光を照り返すさまを金属に見立てたわけだが、ただ白く平たい魚ならば他にもたくさんいる。この仲間だけが特別にそんな通り名を得ている背景には、かれらに対する釣り人の特別な憧れと愛着があると見ていいだろう。

毎年、一部のメッキたちは、太平洋岸を流れる黒潮によって故郷を離れ、北は茨城県のあたりにまで運ばれる。その多くは冬を迎えて水温が下がると死に絶えてしまうのだが、それまでの短い間、各地で竿を震わせる。かれらは大物が潜むはるか南の海の気配を届けてくれる儚い使者なのだ。

毎週のように父と釣りをしていた子どものころ、僕もやはりメッキとの出会いを夢見た。通っていた大阪湾で釣れてもおかしくはないはずだったが、結局その夢が叶うことはなかった。それから二十余年が経ち、今では僕の方が黒潮をさかのぼってかれらの故郷を訪ねている。まだ見ぬ魚としての憧れは、もはや過去のものになった。

［オニヒラアジ］（未成魚）
Caranx papuensis
アジ科ギンガメアジ属
体長：70cm
分布：和歌山県〜九州の太平洋沿岸、小笠原諸島、琉球列島／インド・太平洋

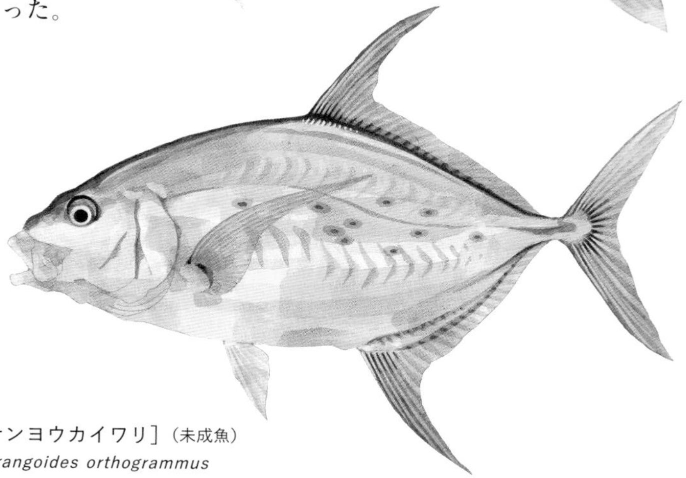

［ナンヨウカイワリ］（未成魚）
Carangoides orthogrammus
アジ科ヨロイアジ属
体長：55cm
分布：相模湾〜九州の太平洋岸、小笠原諸島、琉球列島／インド・太平洋、ハワイ諸島

[メッキと呼ばれる魚たち]

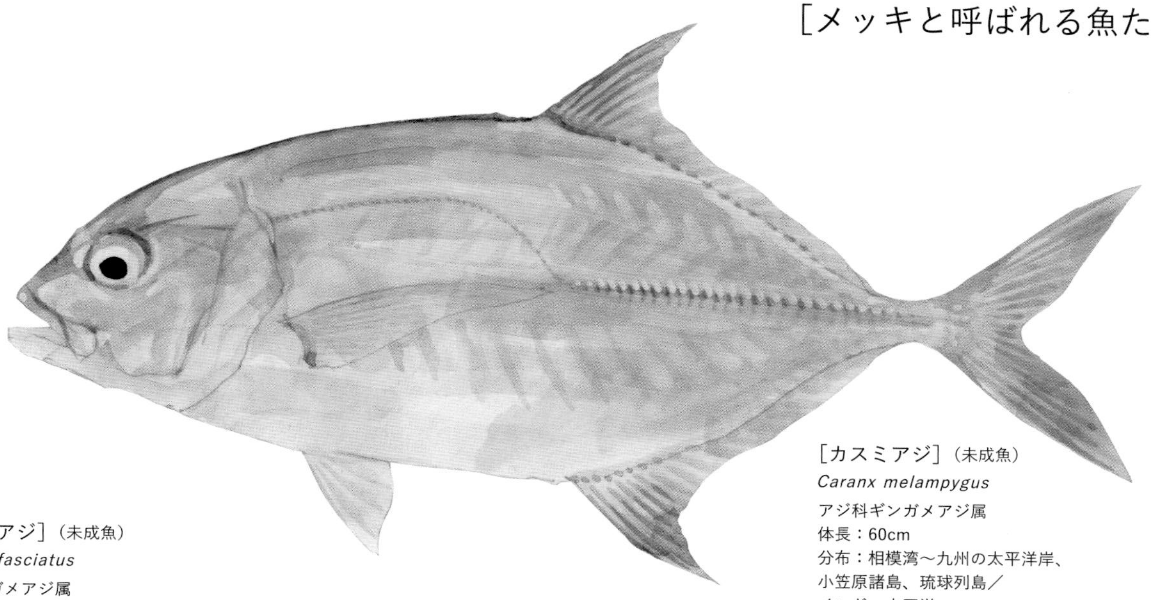

[カスミアジ]（未成魚）
Caranx melampygus
アジ科ギンガメアジ属
体長：60cm
分布：相模湾〜九州の太平洋岸、
小笠原諸島、琉球列島／
インド・太平洋

[ギンガメアジ]（未成魚）
Caranx sexfasciatus
アジ科ギンガメアジ属
体長：60cm
分布：青森県〜九州の太平洋沿岸、
琉球列島／インド・太平洋

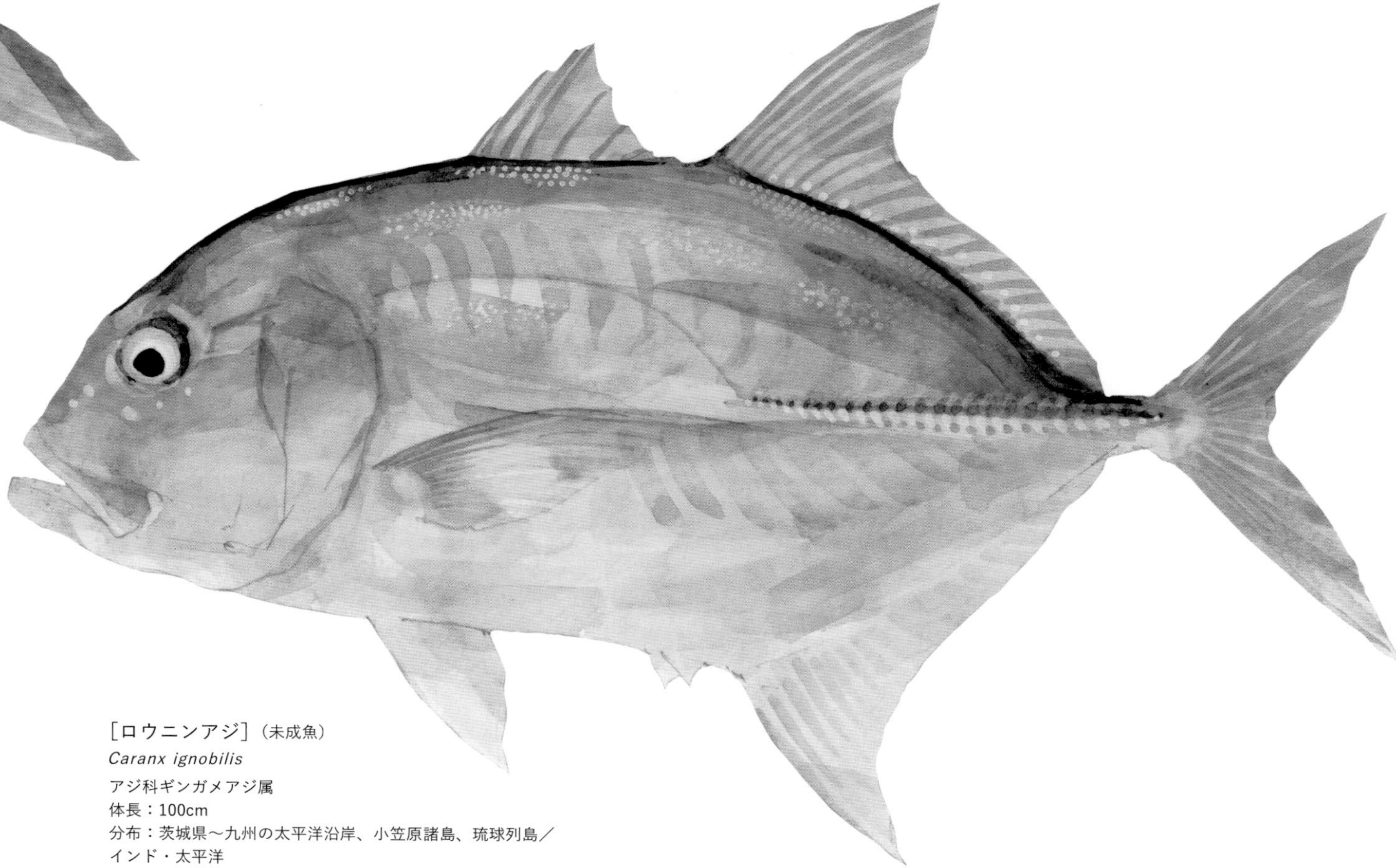

[ロウニンアジ]（未成魚）
Caranx ignobilis
アジ科ギンガメアジ属
体長：100cm
分布：茨城県〜九州の太平洋沿岸、小笠原諸島、琉球列島／
インド・太平洋

［コショウダイ属の魚たち］

［ヒレグロコショウダイ］
Plectorhinchus lessonii
イサキ科コショウダイ属
体長：40cm
分布：伊豆諸島、小笠原諸島、琉球列島／インド・西太平洋、サモア

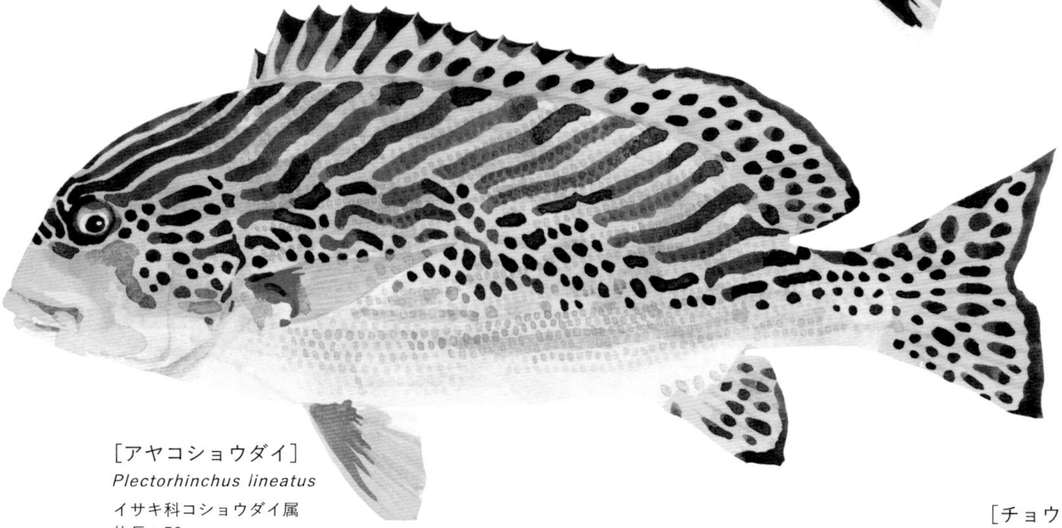

［アヤコショウダイ］
Plectorhinchus lineatus
イサキ科コショウダイ属
体長：50cm
分布：屋久島、琉球列島／西太平洋、アンダマン海

［チョウチョウコショウダイ］
Plectorhinchus chaetodonoides
イサキ科コショウダイ属
体長：50cm
分布：鹿児島湾〜琉球列島／インド・西太平洋、カロリン諸島

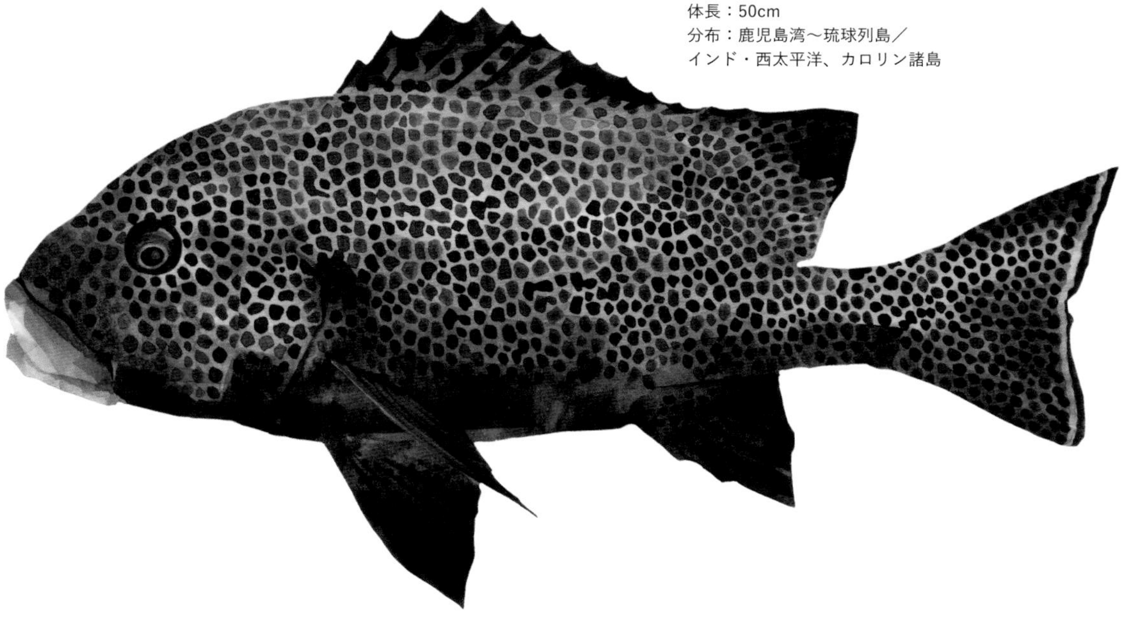

自ら辿り着いた沖合の深みで、
憧れの魚たちを目の当たりにする

十代も半ばを過ぎ、父との釣りが思い出になりつつあったころのことだ。大阪南部のお気に入りの堤防へ久しぶりに行ってみようか、とふらりと出かけて釣れたのが、初めて見るコショウダイの幼魚だった。唇の厚い愛嬌に満ちた顔立ちに、高さのある華やかな体型、好きにぬり絵していいよと言われてもまず思いつかないであろう大胆な模様と渋い色彩。思いつきの釣行はその一尾のおかげで特別なものになった。

以来、図鑑や水族館でこの仲間を見るのが楽しみになった。かれらも主に暖かい海を棲みかとし、そこで多様に繁栄している。社会人になって数年めで本格的に絵を始めたころも、コショウダイと名のつく魚たちをずらりと描き並べては、東京のマンションから南の海へと思いを馳せていた。

その後石垣島へ移り住み、ひと月ほど経ってシュノーケリングにも慣れたある日、思い切って少し沖合まで泳いで出た。ひとつひとつの砂粒まで見えていた白い海底が、少しずつ青みを帯びて濁りの向こうに遠ざかる。さほどの波もないのに体が翻弄され、「海そのものの音」とでも形容したくなる低い響きが耳を覆う。圧倒的な質量の水塊にへばりついた塵のように自身を頼りなく感じ、引き返そうとしたところで眼下に黒い影が見えてきた。

それは砂地の上に、あたかも飛行機から眺める山脈のようにうねり広がる枝サンゴの群落だった。そしてその谷筋を行く魚影を認めたとき、感動で喉が詰まるように感じた。都会暮らしの中で憧れを募らせた、コショウダイの仲間たちだったからだ。図鑑や水族館で繰り返し見た魚を、この広い海で目の当たりにしている。それも自身の泳ぎで辿り着いた、沖合の深みで。

そんな感動をよそに、コショウダイたちは僕の影を嫌ってサンゴの山の向こうへと消えていった。

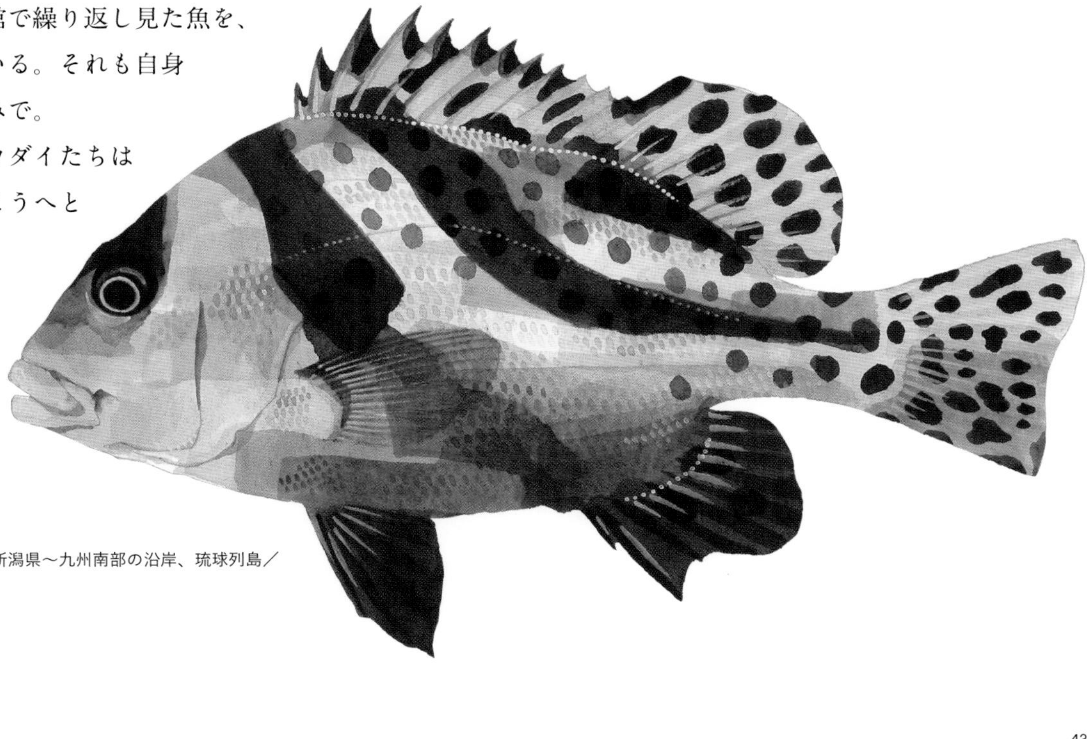

［コショウダイ］（未成魚）
Plectorhinchus cinctus
イサキ科コショウダイ属
体長：50cm
分布：相模湾～九州南部の沿岸、新潟県～九州南部の沿岸、琉球列島／朝鮮半島、台湾、インド洋

［カンモンハタ］
Epinephelus merra
ハタ科エピネフェルス属
体長：25cm
分布：伊豆、小笠原諸島、琉球列島／インド・太平洋
石垣島のサンゴ礁ではもっとも普通に見られるハタ科の魚

一ヶ月間、イベリア半島を旅することにした。どこか遠い海に行ってみたいと考えたときに、スペインとポルトガルに過去の仕事の縁があるのを思い出したのだった。

大西洋あるいは地中海、さすがにそこまで離れれば見たこともない魚に出会えるだろう。そう思ってネットで下調べすると、ぴったりの魚の情報が出てきた。ペインテッドコンバー。石垣島でもおなじみのハタ科に属するが、腹部が鮮やかな青に染まり、不自然に感じるほどだ。一ヶ月のうちになんとかこれを手にしてみたい、と目標を定めた。

十六時間のフライトを経てようやく降り立ったバルセロナは、午後九時でもまだ黄昏時。食事もそこそこに海に向かう。竿を出せそうな場所を求めて二時間近く歩き回り、ようやく仕掛けを沈めた一投め、何かがガツンとルアーを引ったくって糸はそのまま切れてしまった。

期待と興奮、落胆がほぼ一瞬のうちに嵐のごとく通り過ぎてしばし放心したが、つまり魚はいるということだ。気を取り直して数十分後、また同じような手ごたえが伝わった。夢中で竿を立て、今度は切れないでと祈るような気持ちで海面から抜き上げたのは、まさかのペインテッドコンバーだった。到着してわずか数時間で願いが叶うとは！

本当に青い。体型も見慣れたハタたちとは明らかに異なり、胴は太いのに顔つきがほっそりとしている。目に焼き付けるだけでは不安でカメラを向け、しかし写真ではこの色彩を捉えきれないと再びまじまじ眺める。もどかしい気持ちでそれを何度も繰り返した。街のネオンを遠目にしながら、気がつけば腹部の青さを不自然に思う気持ちはもう見当たらなかった。

街のネオンを背景に、
その色彩を不自然に思う気持ちは消えていた

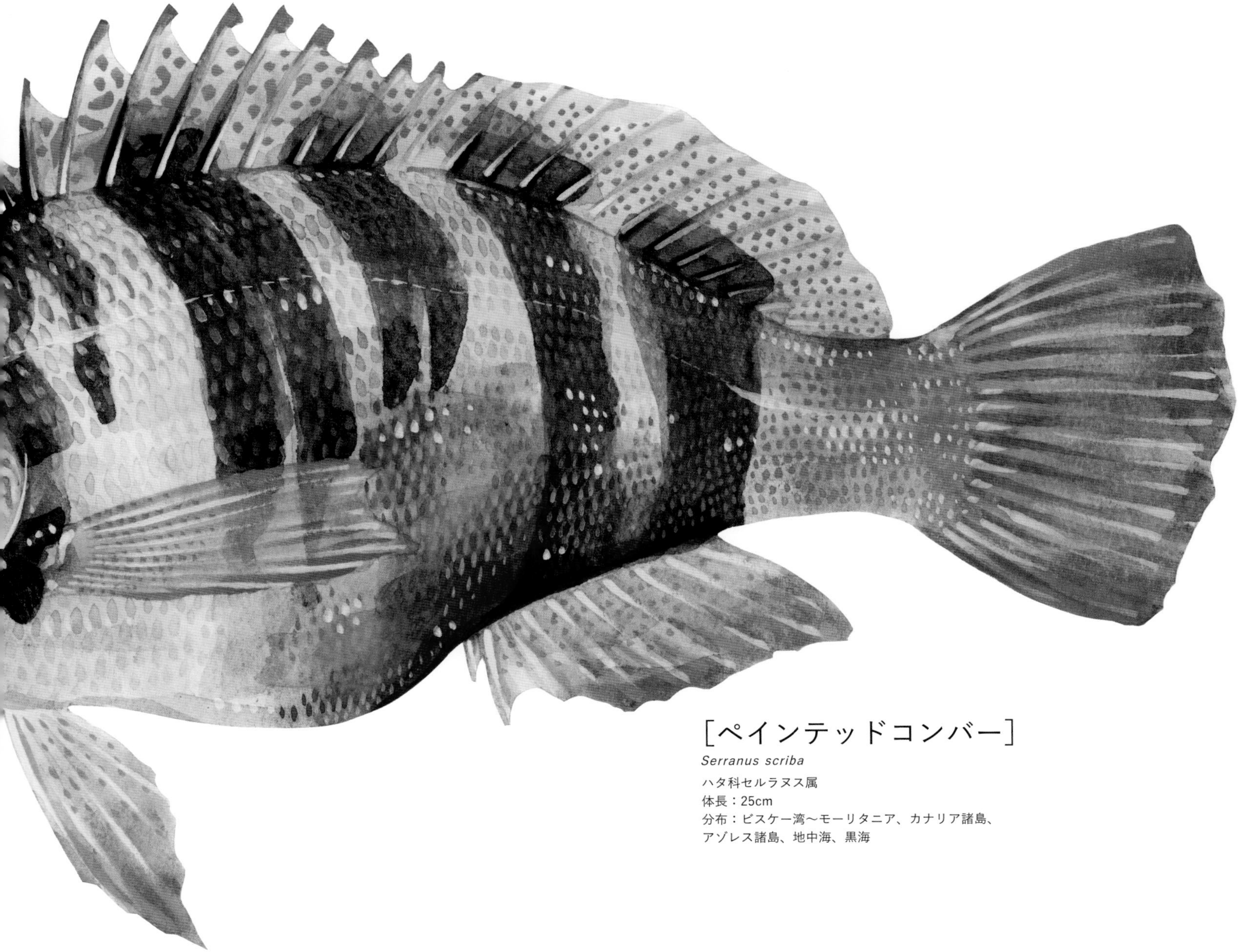

［ペインテッドコンバー］

Serranus scriba

ハタ科セルラヌス属
体長：25cm
分布：ビスケー湾〜モーリタニア、カナリア諸島、
アゾレス諸島、地中海、黒海

大きなものに寄り添い、
広大な宙空の海を行く

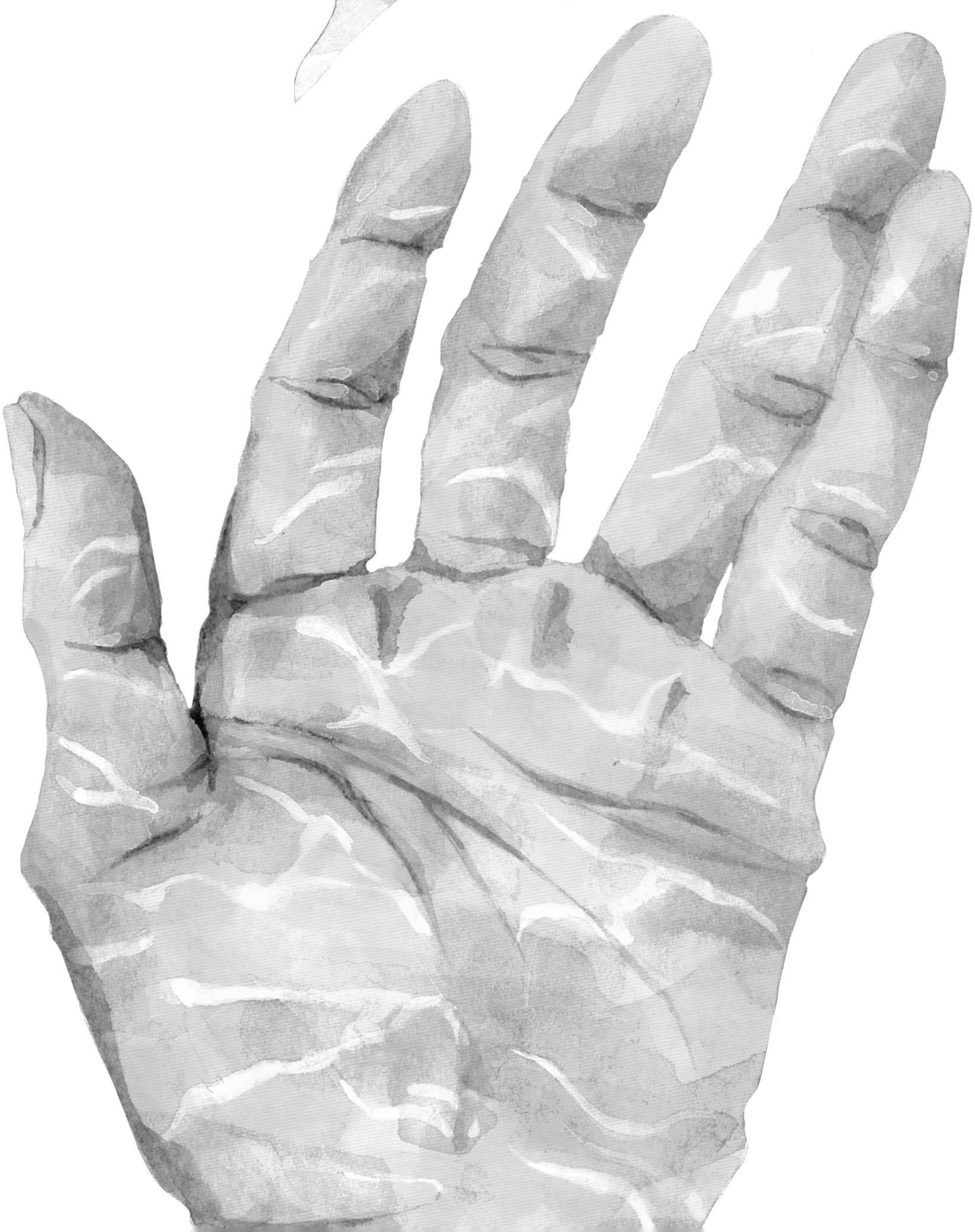

［コガネシマアジ］
（未成魚）

Gnathanodon speciosus

アジ科コガネシマアジ属
体長：75cm
分布：鹿児島県笠沙・志布志湾、琉球列島／
インド・太平洋

日も傾いてから短い時間のつもりで出たある日のシュノーケリングは、結局二時間半に及んだ。コガネシマアジの幼魚が僕に付いたからだった。

コガネシマアジは暖かい海に生息する大型のアジ科の魚で、幼魚のころはその名の通り全身が黄金色に輝く。そしてその見た目に劣らず特徴的なのが、大型魚に寄り添って泳ぐという習性だ。食べられてしまうのではと心配になるのだが、身を潜めるもののない広大な宙空の海にあっては、これも一つの有効な自衛手段ということらしい。

いつものように沖を目指して泳ぎ、あちこちにカメラを向けていると、何かが手にまとわりつくのに気がついた。三センチに満たないほどの、小さなコガネシマアジだった。いつから一緒にいたのか分からない。たまたま単独行しているところに僕が現れたのか、あるいはより頼りになりそうだと別のものから乗り換えたのか。

体に沿ってせわしなく泳ぐので、カメラのピントが合わない。僕が泳ぎ始めると、その前に立った。進みながら手を左右に動かすと、前に立ったまま一瞬の遅れもなく動きに合わせてみせる。まるで僕の方が魚に付き従って泳いでいるみたいだ。

海は少しずつ暗くなり、水を冷たく感じるようになってきた。そろそろ引き返そう、あまり岸まで連れて帰ってしまっても、と名残惜しさを振り切るようにぐんぐん泳いだ。ところが小さな尾を振って必死に付いてくる。どこまで来るんだろう、別れの瞬間は認識したいなと思っていたら、とうとう波打ち際まで一緒にやってきた。

浅瀬に寝転がってしばらく眺め、帰ろうと立ち上がると、拠りどころをなくしてクルンと身を丸めたまま波間に浮かんだ。去りがたくて手を差し伸べると、すぐにまた寄り添う。それを何度か繰り返した後、ついに思い切って海から上がった。黄色い魚影は揺られながら、暮れなずんでけぶる青の向こうに溶けていった。

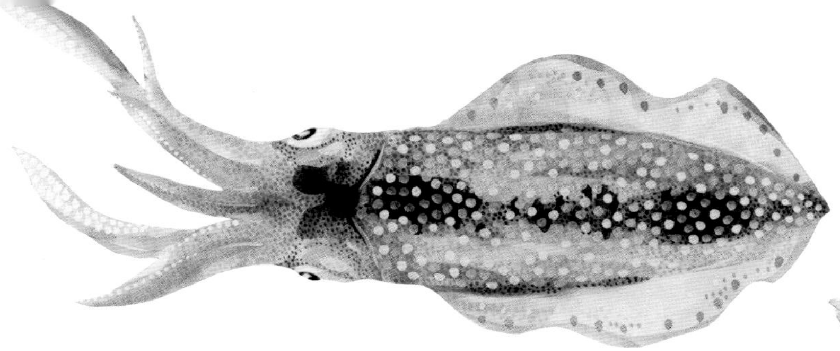

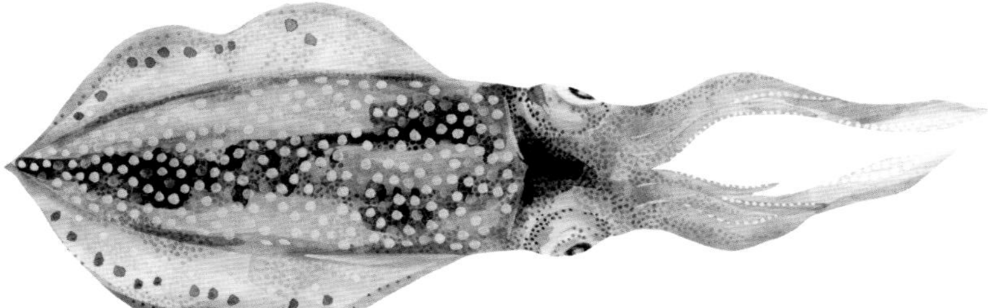

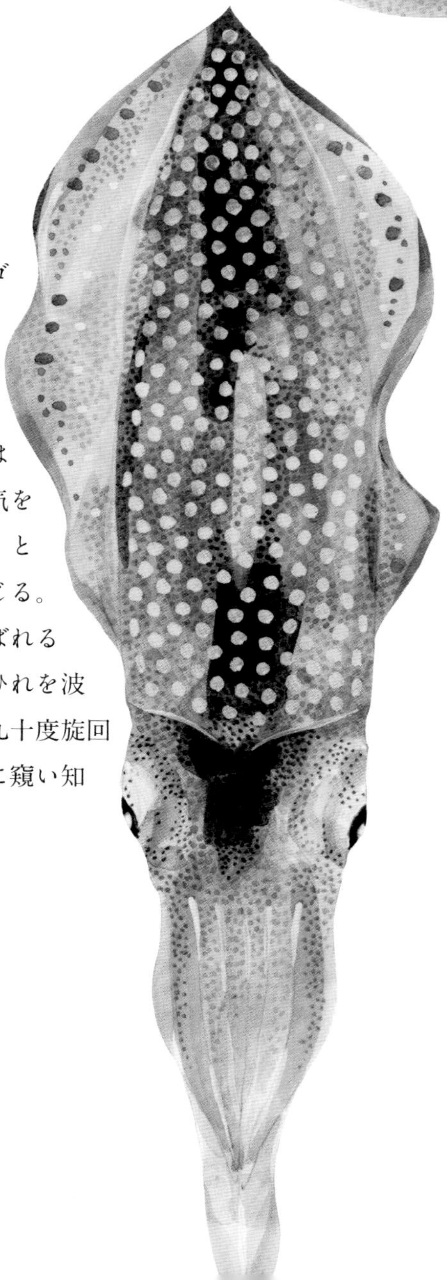

シュノーケルをくわえ、沖を目指す。一面に海草の生えた浅い砂地を過ぎ、ハマサンゴの塊が点在するプール状の礁池を抜けると、再び水深は浅くなる。岩盤の上に枝を張ったイシサンゴが幅を利かせる、広々とした礁嶺である。

お腹や膝を岩にぶつけながら這うようにしてさらに行くと、サンゴ礁の終わりは唐突に訪れる。たった今まで眼下数十センチのところに広がっていた礁嶺の辺縁は、ときには十メートルにも及ぼうかという切り立った崖である。ビルの屋上から下を覗くような怖気を振り払って水を蹴ると、青い虚空の上にふわりと体が浮く。夢で空を飛んだのと同じだ、と思う。波をせき止めていた礁縁の外へ出た途端、うねりに軽々と舞う自身の小ささを感じる。

数メートル下に、紡錘形の影が整然と等間隔に横列をなしている。「クワイカ」と呼ばれる小型のアオリイカだ。魚と違って光を反射する鱗がないせいか、背景に沈んで見える。ひれを波打たせてしばしホバリングしていたが、中ほどの一匹を皮切りに、それぞれがその場で九十度旋回して縦列に変わった。艦隊運動を思わせる見事な規律である。かれらにはかれらの、人に窺い知れぬ知性があるのだろうと思わされた。

なおも目を奪われていると、群れは列を保ったまま速度を上げ、泳ぎ去った。

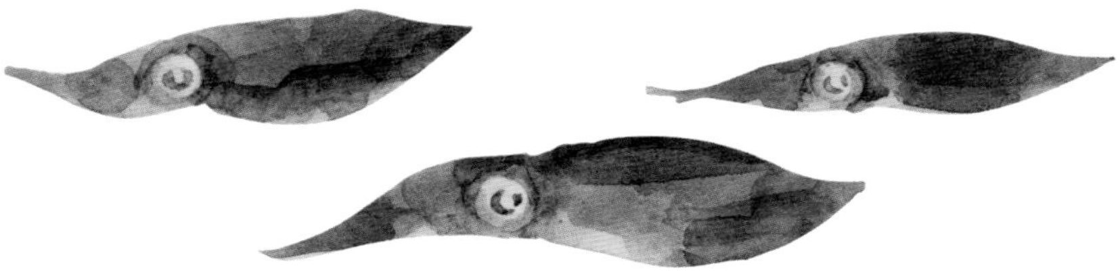

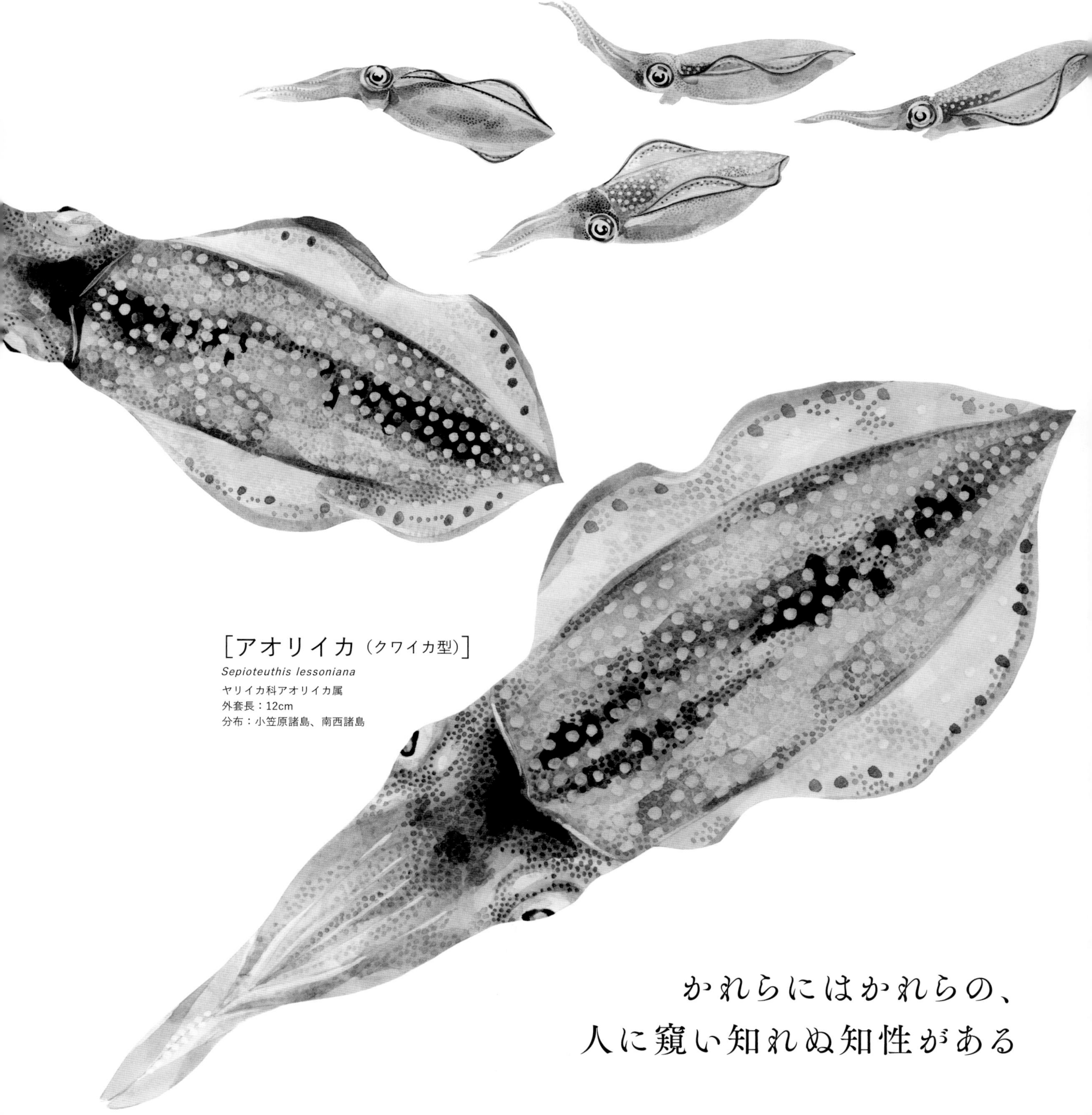

［アオリイカ（クワイカ型）］

Sepioteuthis lessoniana

ヤリイカ科アオリイカ属
外套長：12cm
分布：小笠原諸島、南西諸島

かれらにはかれらの、
人に窺い知れぬ知性がある

［ミツボシクロスズメダイ］（未成魚）
Dascyllus trimaculatus
スズメダイ科ミスジリュウキュウスズメダイ属
体長：11cm
分布：千葉県～九州南部の太平洋岸、琉球列島／インド・太平洋

［アカホシカニダマシ］
Neopetrolisthes maculatus
カニダマシ科アカホシカニダマシ属
甲幅：1cm
分布：奄美大島以南／南太平洋、オーストラリア、インド洋

イソギンチャクとの共生で知られるクマノミたちの中でも、カクレクマノミはアイコン的な存在だ。小さくて色鮮やかで、ハタゴイソギンチャクやセンジュイソギンチャクのふさふさして見える触手の中に身を埋めるさまはいかにも愛らしい。

しかし、写真や映像でおなじみの光景の多くがそうであるように、初めて実際にかれらに出会ってみると印象が違った。海草に半ば埋もれたベージュ色の塊と、周りを泳ぐ数尾のオレンジ色の小魚。胸を高鳴らせて近づくと、一番大きな個体がまっすぐこちらに向き直った。いらいらと右往左往しながらも目はそらさず、抗戦の構えだ。よく見れば、あごに厚みがあっていかつい顔をしている。さらに間を詰めると、ようやく身を翻して一直線にイソギンチャクに飛び込んだ。愛らしさ以上に逞しさを感じさせる姿だった。

触手に毒を持つイソギンチャクはクマノミを守り、代わりに餌のおこぼれをもらっている——子どものころ、確かにそう教わった。しかし近年では、かれらの共生関係はより複雑なものだと考えられている。
クマノミもまたイソギンチャクを守っており、一方で粘膜や卵を食べてもいるらしい。

イソギンチャクはクマノミをすっぽり包んだまま鎮座している。ひだの陰にはエビやカニダマシが覗き、他の小魚たちもゆるやかに身を寄せていた。さながら要塞のようである。集まった生き物たちの間には、まだ人が知らないものも含め複雑な関係が巡っているのだろう。

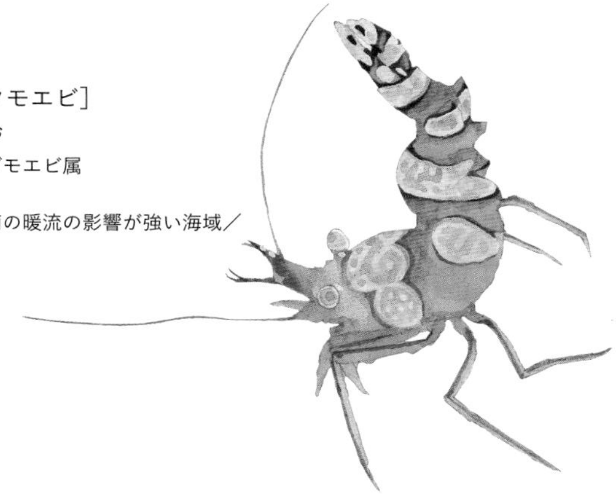

［イソギンチャクモエビ］
Thor amboinensis
モエビ科ヒメサンゴモエビ属
体長：2cm
分布：房総半島以南の暖流の影響が強い海域／インド・太平洋

［ミヤコイシモチ］
Ostorhinchus ishigakiensis
テンジクダイ科スジイシモチ属
体長：6cm
分布：奄美大島以南／フィリピン

いかつい顔、抗戦の構え。
愛らしい魚が見せた逞しさ

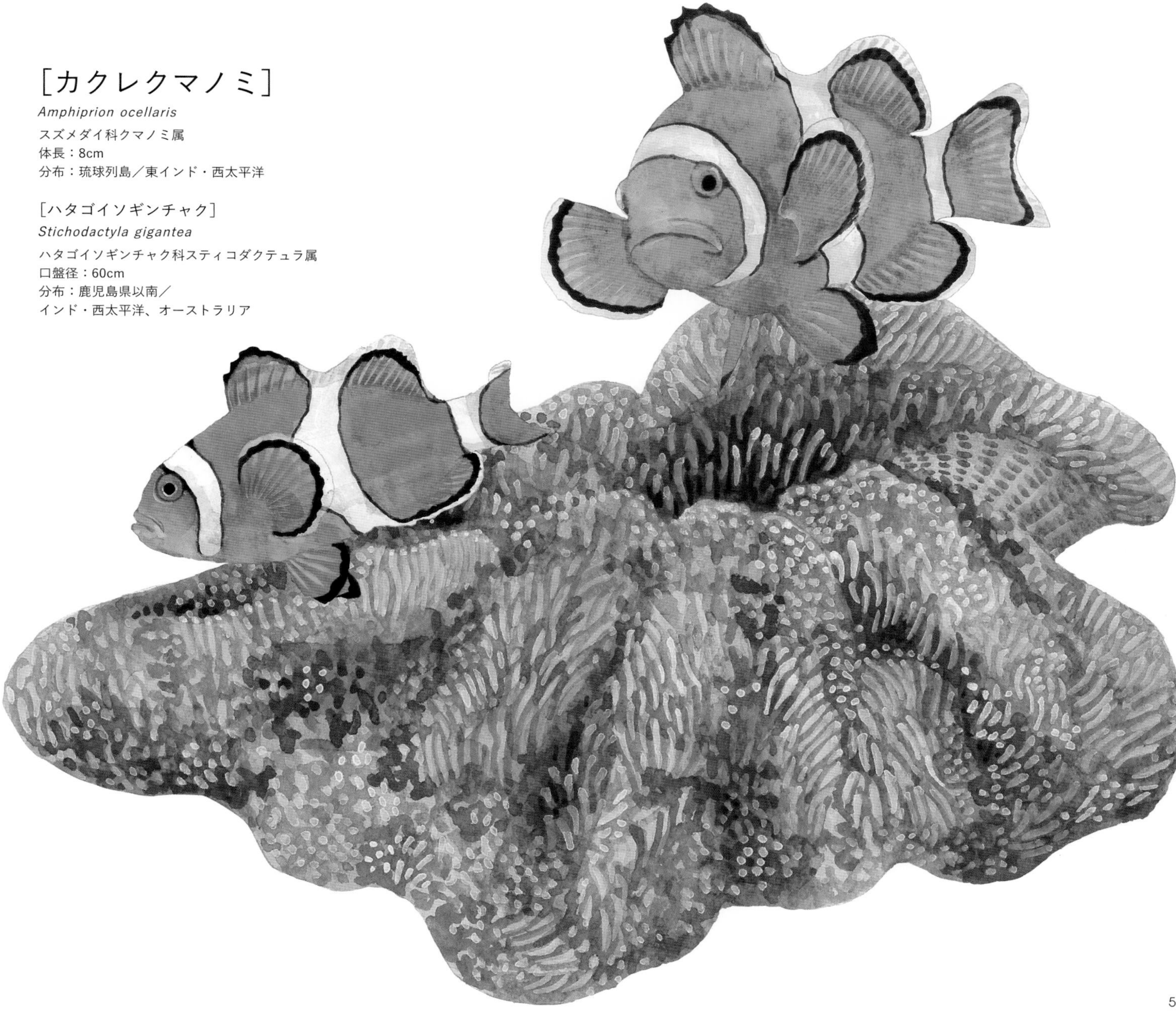

[カクレクマノミ]

Amphiprion ocellaris
スズメダイ科クマノミ属
体長：8cm
分布：琉球列島／東インド・西太平洋

[ハタゴイソギンチャク]

Stichodactyla gigantea
ハタゴイソギンチャク科スティコダクテュラ属
口盤径：60cm
分布：鹿児島県以南／
インド・西太平洋、オーストラリア

おとぎ話のような光景が、
かえって自然の無表情を思い知らせる

［ベンテンコモンエビ］

Urocaridella sp.2
テナガエビ科ソリハシコモンエビ属
体長：3cm
分布：伊豆諸島〜小笠原諸島、和歌山県南部〜琉球列島

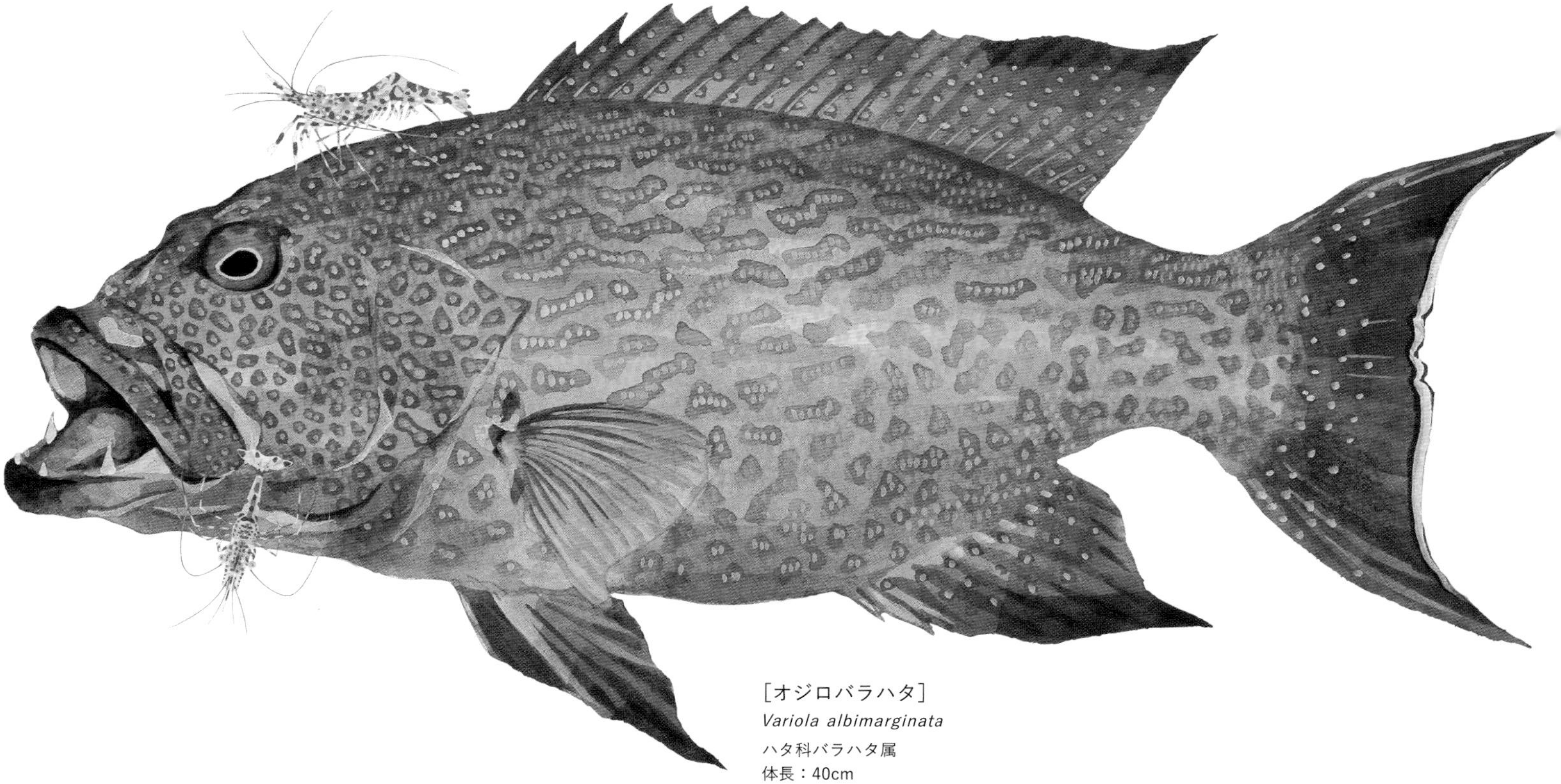

［オジロバラハタ］

Variola albimarginata
ハタ科バラハタ属
体長：40cm
分布：小笠原諸島、琉球列島／中国、インド・西太平洋

[ニセゴイシウツボ]（未成魚）
Gymnothorax isingteena
ウツボ科ウツボ属
体長：180cm
分布：八丈島、伊豆半島、屋久島、琉球列島／西太平洋
全身の黒斑は成長するにつれ小さくなる

石垣島での暮らしも三年を過ぎた夏、ようやくダイビングのライセンスを取った。息つぎの制約なしに、しかしより深みに身を沈める根源的な恐怖を心に抱いて、ゆっくりと魚ににじり寄る。それは慣れ親しんだシュノーケリングとはまるで別種の体験だった。

水深十メートルでもすでに赤みの光は吸収されてしまい、あたりは一面青く澄んだ世界だ。時おり、ガイドの方が僕に何かを見せようと水中ライトを向けると、その部分だけが生き返ったように赤の色を取り戻す。

小山のように盛り上がったサンゴの陰を、光が指し示した。覗き込むと、オジロバラハタが照らされて燃えるように赤く浮き上がっている。不自然に口を開いたまま静止しているのを見てクリーニングだと気がついた。目を凝らすと、二匹のベンテンコモンエビが脚を動かしていた。

クリーナーシュリンプと呼ばれる一部のエビたちは、そうして魚の体表の寄生虫などを食べて取り除く。その縄張りは、魚たちが立ち替わり訪れるクリーニングステーションとして機能する。

聞いたことはあったものの、実際に目にして驚きは新鮮だった。エビが「店」を構え、魚が「客」として訪れる。まるでおとぎ話だが、当事者たちは淡々と「そうある」のみで、擬人化を受け付けそうもない。それは、生き物がただ関係を積み重ねた結果として織りなされる自然というものの無表情を、まざまざと思い知らせるようだった。

[オトヒメエビ]
Stenopus hispidus
オトヒメエビ科オトヒメエビ属
体長：5cm
分布：房総半島以南の太平洋岸／南太平洋、インド洋、西インド諸島
クリーナーシュリンプのひとつ。ウツボの棲む岩穴で目にすることが多い

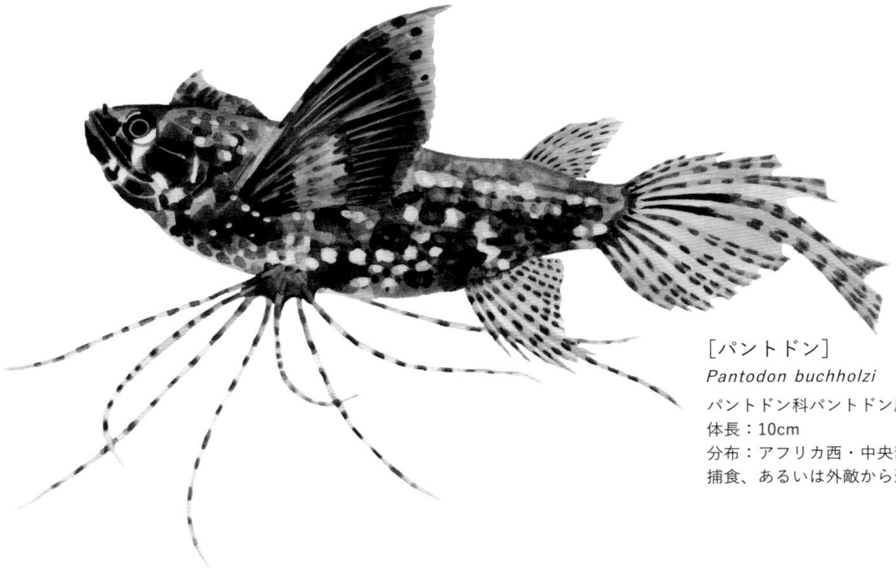

［パントドン］
Pantodon buchholzi
パントドン科パントドン属
体長：10cm
分布：アフリカ西・中央部
捕食、あるいは外敵から逃れるために水面上に跳び上がることができる

釣友Rさんに誘われて、西表島に渡った。石垣島から高速船で四十分の距離に過ぎないが、踏み入ることをためらわせるような自然の奥深さは比較にならない。

狙いはテッポウウオ。国内ではこの島にしかいないとされる。口から水鉄砲のように水滴を飛ばし、水面近くの虫やカニなどを撃ち落として食べることで知られる魚だ。水族館では見たことがあるけれど、そんな不思議な習性の魚が本当に自然の中を泳いでいることに、今ひとつ現実味を感じられないでいた。

鬱蒼としたマングローブ林を、二人艇のカヌーで漕ぎ進む。しとしとと降る雨が、いつも分厚い雲がかかって見えるこの島にいることを実感させる。目の前にはヒルギの根が複雑に入り組んで張り巡らされている。テッポウウオが潜むのはその中だ。Rさんは根の合間へと巧みにルアーを投げ込んでゆく。

ふいに、水面が割れて白銀の魚体が跳ね上がった。テッポウウオが空中をゆくルアーに飛びつき、空振りしたのだ。思いがけない動きに驚きつつも期待が高まる。

Rさんの投げたルアーがわずかに狙いを逸れ、水面上に露出したヒルギの根に引っ掛かってしまった。針を外そうと竿をあおってルアーを揺すった瞬間、直下の水面から魚が跳び上がり、ルアーをもぎ取って水中に消えた。「テッポウウオだ！」Rさんの上ずった声が響いた。竿は魚の反応を伝えている。カヌーへとたぐり寄せた今日の本命は、二十五センチに届こうかという大きさだった。

口の大きく裂けたどう猛な風貌だ。体は思いのほか分厚く力強い。雨の密林を背景に、濁った川に半身を浸して荒く息を吐くその姿は、「水鉄砲」のどこかコミカルな印象とはかけ離れて野趣に満ちたものだった。

［ノーザンバラムンディ］
Scleropages jardinii
アロワナ科スクレロパゲス属
体長：55cm
分布：オーストラリア北部・ニューギニア島中南部
捕食のために水面上に跳び上がることができる

水族館での印象とは異なる
野趣に満ちた姿

［テッポウウオ］

Toxotes jaculatrix

テッポウウオ科テッポウウオ属
体長：25cm
分布：西表島／東インド・西太平洋

真っ暗な海の中、銛に抗う腕と冷たく光る目

夜の海へ、イカを突きに行くことになった。誘ってくださったのは島でお世話になっているYさん。本格的に真っ暗な海を泳ぐのは初めてだったけれど、Yさんと一緒なら心強かった。

海には前日までの時化の余波《なごり》があった。落ち着け、と何度も自分に言い聞かせながら装備を整え、大光量の水中ライトを点けたところでようやく肝が据わった。

Yさんの後について泳ぎ始める。昼間の釣りで見慣れた魚たちが、夜の体色になって海藻の陰で眠っていた。深くえぐれた岩穴の奥で、夜行性の魚たちの目が光る。時おり青みがかった光がぼんやりと滲むような気がするのでライトを消してみると、確かに海底に点々と発光生物がいるようだった。

気づくと、前を行くYさんの光の動きが変わっている。獲物を仕留めたのだ。近づくと、大きなアオリイカが自らを刺し貫いた銛に腕を絡ませて抵抗していた。危機に瀕して吐いたのであろう、灰褐色の墨が射ち出された形のまま水中を空しく揺れている。とどめのナイフが眉間に入ると、透き通った青みの上に美しい黄土色をまとっていた体が、一瞬で生気なく濁った白に転じた。

海から上がって、Yさんは手早くイカをさばくと気前よく分けてくださった。帰宅後さっそく刺身を食べながら、幾重にも銛に巻きついた腕が示す執念と、それとは裏腹に冷たく光っていた目を思い出した。

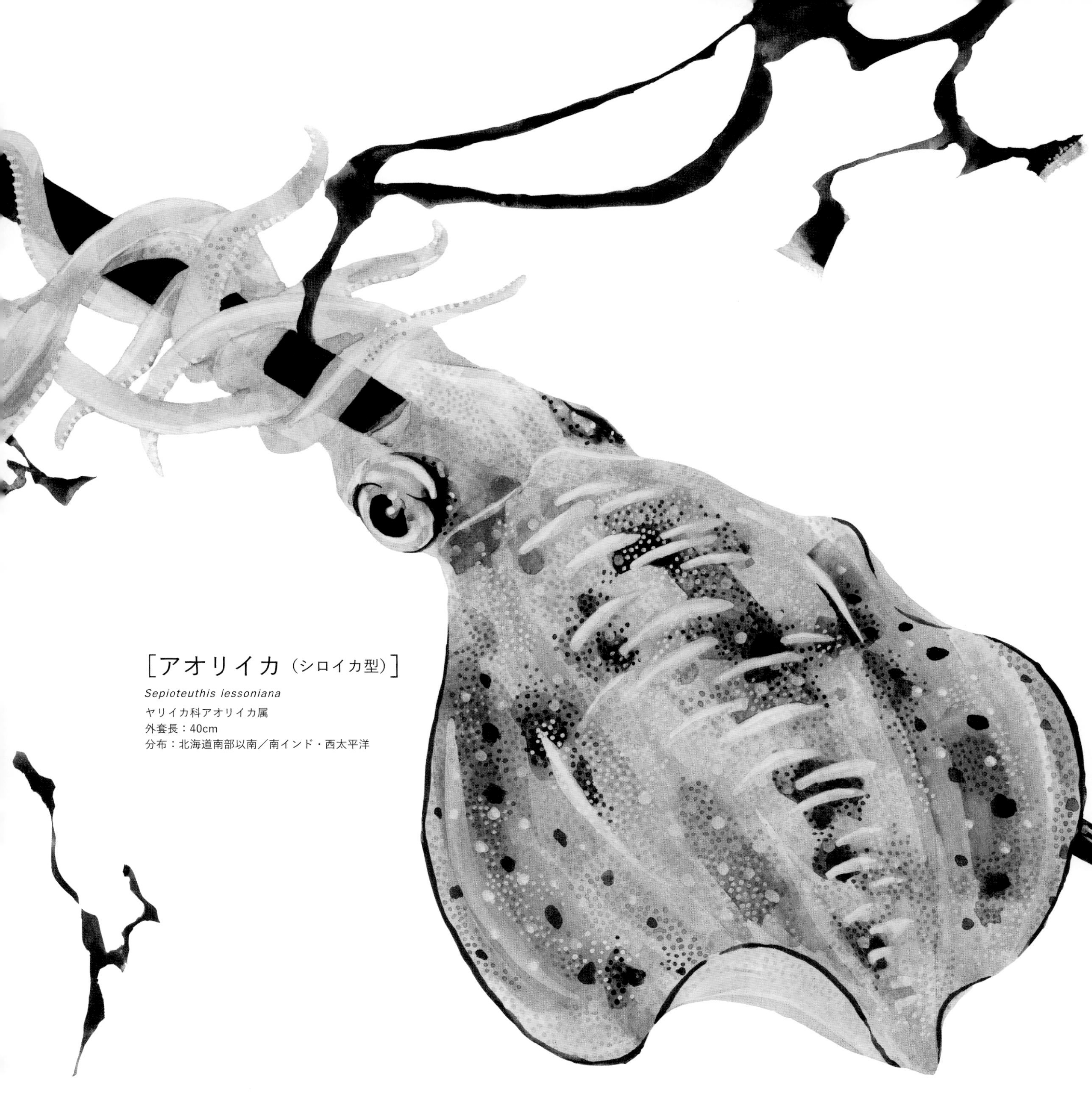

[アオリイカ（シロイカ型）]

Sepioteuthis lessoniana

ヤリイカ科アオリイカ属
外套長：40cm
分布：北海道南部以南／南インド・西太平洋

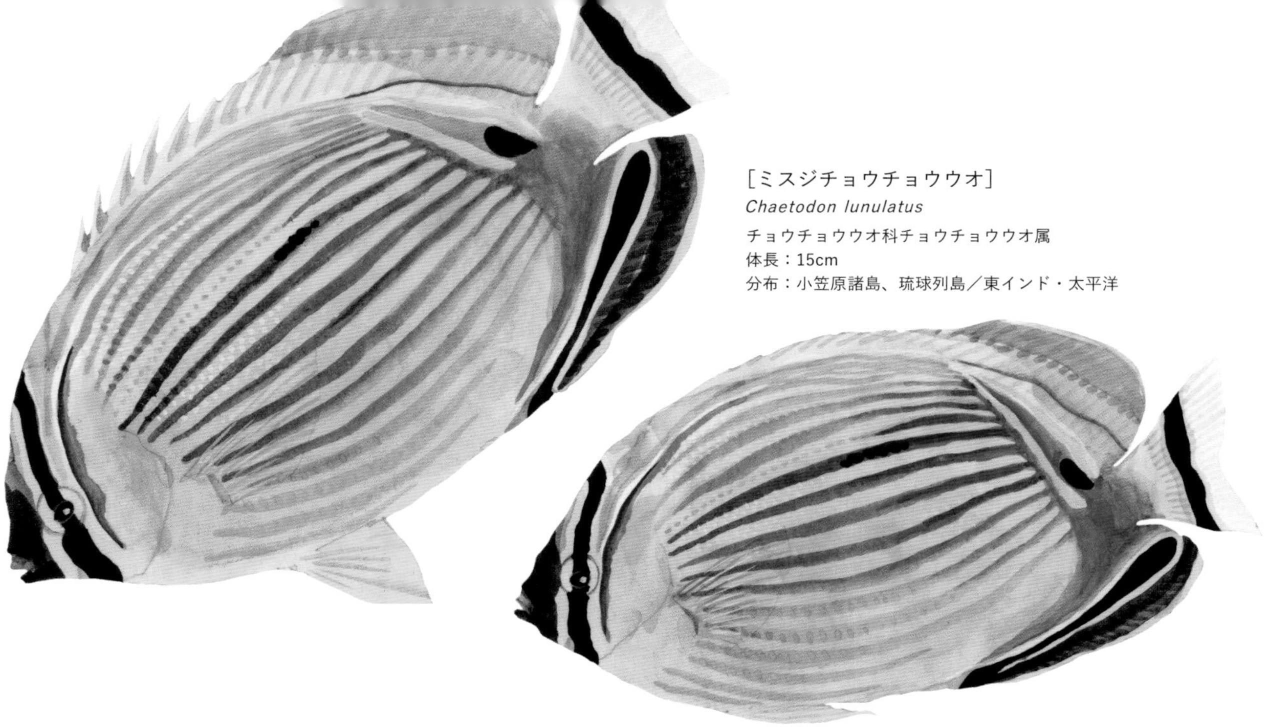

［ミスジチョウチョウウオ］
Chaetodon lunulatus
チョウチョウウオ科チョウチョウウオ属
体長：15cm
分布：小笠原諸島、琉球列島／東インド・太平洋

連れ添う二尾を見送り、投影の正体に気づく

　生き物に人の心を投影することはしばしばかれらへの理解を助けるが、海を少しずつ知るほどに、その投影が本質へ届くことはないのではという疑念に駆られる。

　気に入っているシュノーケリングスポットがある。石垣島を簡略化した多角形で考えればちょうどひとつの頂点にあたり、潮通しがよく透明度が高い。沖合にはマンタを見るダイビング船も集まってくる、恵まれた場所だ。

　ここの礁縁の崖はとりわけ険しく切り立っている。その斜面で初めてハクテンカタギを見た。黄色いものが多いチョウチョウウオ科にあって、モノトーンに近い体色と細かく幾何学的な模様は異彩を放つ。石垣島でも決して数は多くない。

　僕が浮かぶ水面から三、四メートルほどの深さを、二尾で連れ添って泳いでいる。一部のチョウチョウウオはこうしてつがいを形成し、生涯ともに行動するという。岩やサンゴの起伏を、付かず離れず滑るように渡ってゆく姿はやはり印象的だ。生き抜くにはあまりにも苛烈に思えるこの海で、パートナーの存在はさぞや心強かろう、そんなことを考える。

　近くで見ようと潜って後を追ったが、その動きを嫌がって深い方へと行ってしまった。諦めて浮かび上がると、目の前には群れたり散ったり、気ままに舞っているように見える魚たちである。ふと、先ほどのハクテンカタギへの投影の浅はかさに気がついて、心の中で苦笑いする。心強かろうなどというのは、「終生のつがい」へのうぶな憧れと、その反動で自らの先行きに感じる心細さの表れでしかない。

　投影は己を映すのに他者を借りる行為である。理解の対象は結局のところ自分自身であるということを、ついと去っていったかれらに言い置かれた気がした。

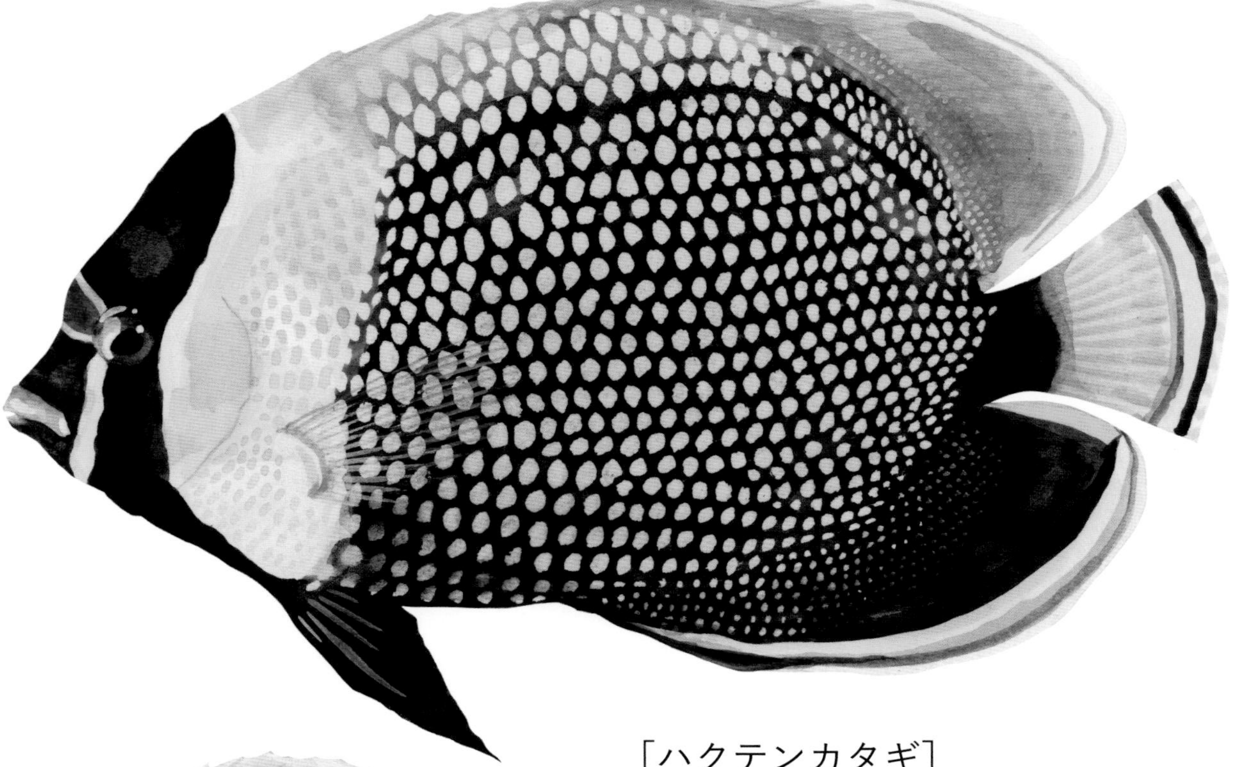

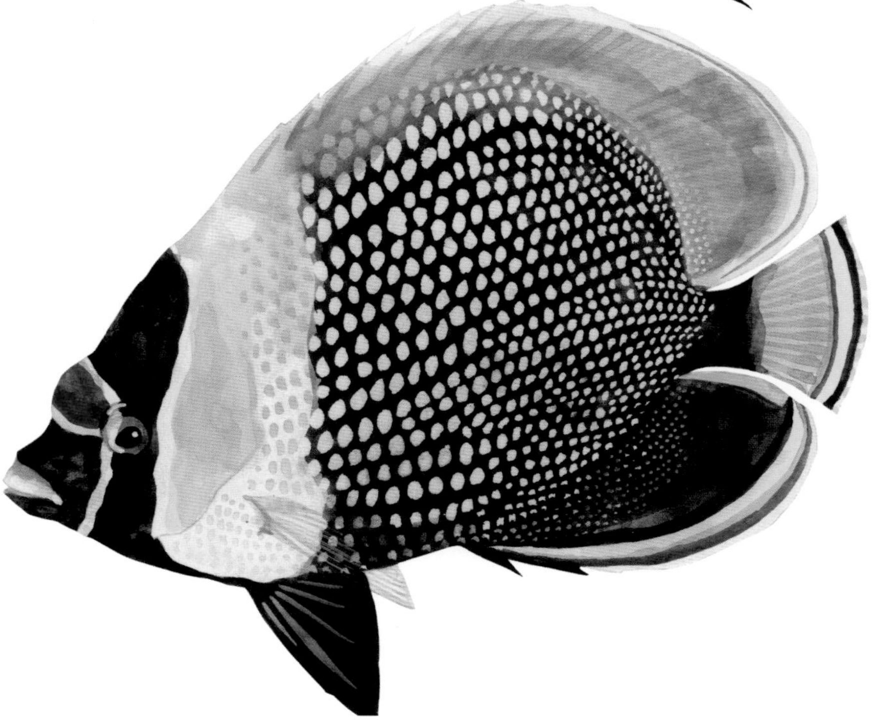

［ハクテンカタギ］

Chaetodon reticulatus

チョウチョウウオ科チョウチョウウオ属
体長：15cm
分布：高知県、小笠原諸島、琉球列島／中部太平洋

ルアーになりきって自然の一部を演じる

［タケノコメバル］
Sebastes oblongus
メバル科メバル属
体長：35cm
分布：北海道〜長崎県の日本海岸、
青森県〜三重県の太平洋岸、瀬戸内海／朝鮮半島

［メギス］
Labracinus cyclophthalma
メギス科メギス属
体長：12cm
分布：高知県、琉球列島／西太平洋
サンゴ礁域で多く見られる。ルアーに対して積極的

［ハオコゼ］
Hypodytes rubripinnis
ハオコゼ科ハオコゼ属
体長：8cm
分布：青森県〜九州南部、
瀬戸内海／朝鮮半島、台湾
小さなルアーに興味を持ち、
追ってくる

子どものころはもっぱら生の餌を使う釣りばかりで、初めてルアー釣りをしたのは移り住む前に旅行で石垣島に来たときだった。釣り好きの編集者Sさんに道具を一式貸してもらって、魚の形をした「ミノー」と呼ばれるルアーを泳がせた。喉元の小さな板が水を受け、全体が小魚そのもののように身をくねらせて泳ぐ。結局釣れなかったけれど、そんなルアーの泳ぎを見ているだけで楽しかった。

移住後、本格的にルアー釣りをするようになっても、やはりその感覚は変わらなかった。もちろん釣れるのが楽しいけれど、釣れなくてもそれなりに楽しい。どういうわけだろうか、負け惜しみを納得させようとしているだけだろうかと自らが疑わしくもあった。

春、四国を旅した。浦々の港は人が自然に面して生きる最前線であるようで、随所に匂う生活感が心地好かった。魚もたくさんいた。岸壁沿いの海藻やロープの陰にはタケノコメバルたちが潜んでいて、餌をついばむボラの子を思い浮かべてルアーを操ると電光の如く飛びついてくる。それが楽しくて、ひたすら海面を覗きながら釣り歩いた。

そこでふと気がついて数年来の疑問に答えが出た。僕にとってルアー釣りの楽しみは、「魚を騙す」ことではなく「自らが自然の一部を演じる」ことにあるのだと。

ルアーを泳がせているとき、僕の意識はルアーそのものになって泳いでいる。ボラの真似をして海藻をついばみ、プランクトンを演じて海面を滑るように泳ぎ、手負いの小イワシになりきって沈みながらもがく。だから魚が食いついたとき、「やった！」と同時に「危ない！」とヒヤリとする。

そんな遊びを通じて、訪れる海で束の間、住人であることを楽しむ。それは人がそこから去った自然というものの中に、仮に身を置きなおして自らを知る作業である。

［アイナメ］
Hexagrammos otakii
アイナメ科アイナメ属
体長：40cm
分布：北海道〜九州南部／朝鮮半島、中国

［食われて死んだものたち］

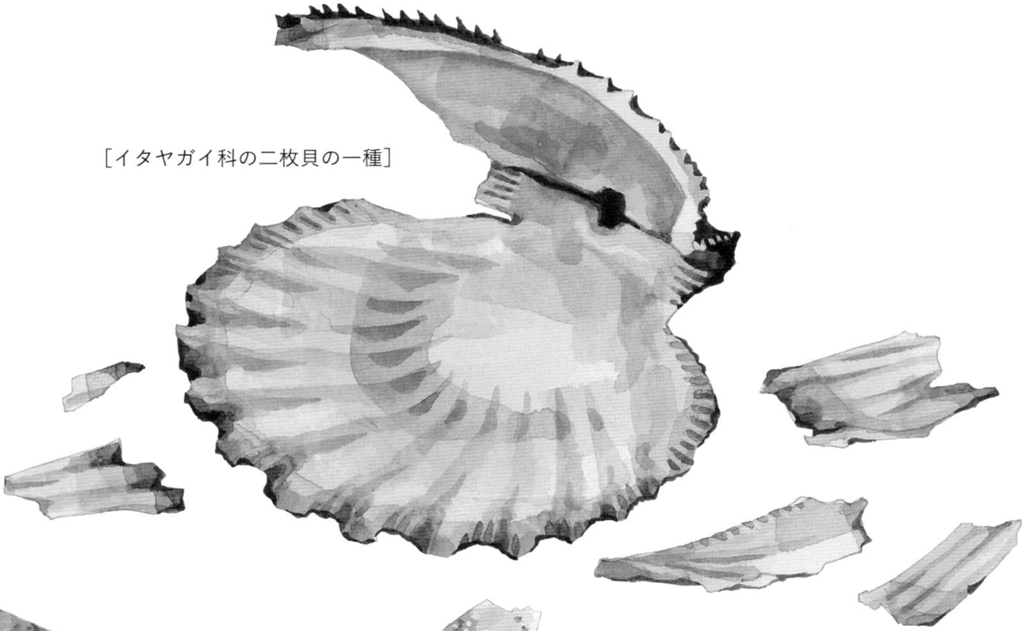

［イタヤガイ科の二枚貝の一種］

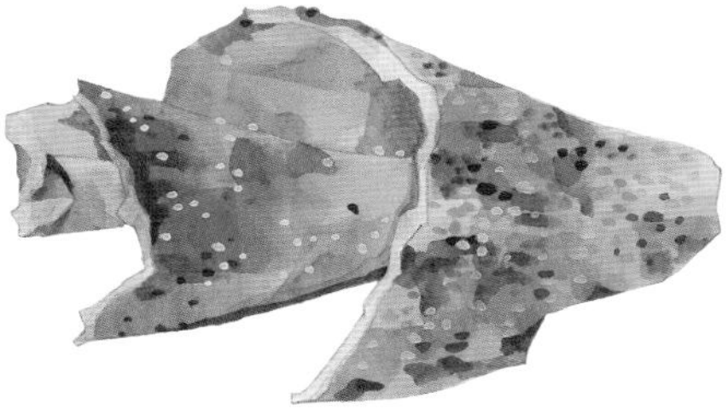

［イモガイ科の巻貝の一種］

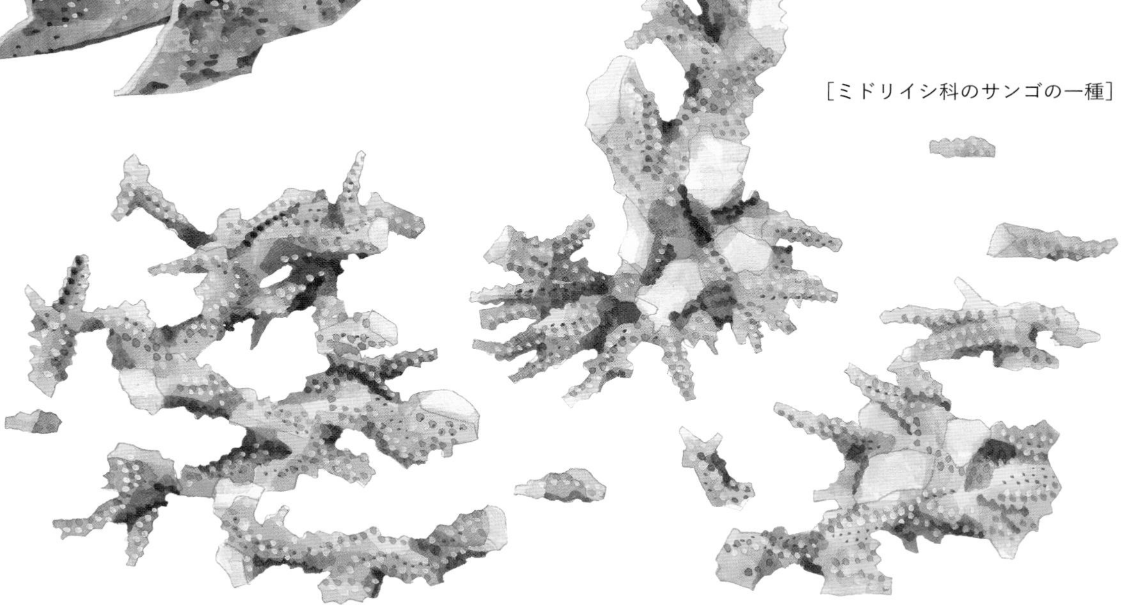

［ミドリイシ科のサンゴの一種］

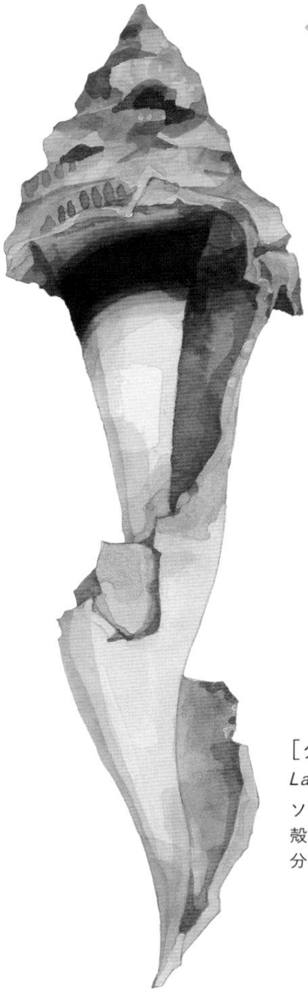

［クモガイ］
Lambis lambis
ソデボラ科サソリガイ属
殻高：16cm
分布：紀伊半島以南／インド・西太平洋

［シャゴウ］
Hippopus hippopus
シャコガイ科ヒッポプス属
殻長：30cm
分布：奄美大島以南／インド・西太平洋

かつて生きていたものの名残に触れ、生の輪郭を思う

海は命に満ち溢れているが、ということはつまり、それをはるかに上回る数の死が積み重なり続けている場でもある。浜の砂をひとすくいすれば、そこにかつて生きていた何かの名残を含まない方が難しいだろう。

中でも目につくのが貝殻とサンゴだ。形を保ったものから、細かく砕けて砂粒になってしまったものまで。それらは波に突き転がされるうちにいつしか毀れていったのだと思い込んでいたが、あるとき巻貝を茹でて食べようとして気がついた。簡単に割れはしないのである。近所への音を気にしながらハンマーで何度も叩いて、ようやく殻の一部を割って身を取り出すことができた。比較的もろいサンゴや薄い貝はともかく、クモガイや大型のイモガイ、シャゴウ（シャコガイの一種）などは壊そうという意思の存在なしに割れることは考えにくい。

それからというもの、海に入るとたった今割られたところだと思しき貝やサンゴに目が留まるようになった。割れ口が鋭く、上に堆積物がなく、ごく狭い範囲に破片が散らばっている。姿は見えずとも、今しがたそこを去った「犯人」とその手口を想像させる生々しい状況証拠だ。

思えばそうして波に揺られている自分自身が死と隣り合わせなのである。次の一挙動に慎重でなければ、いつでも簡単に「そちら側」に転びうる。海を行くとき、何か胸騒ぎがして気をつけろ気をつけろと自分に言い聞かせることがある。スリルを求める気などはさらさらないが、そんなときは自分の生の輪郭が際立っているように、後で振り返って思う。

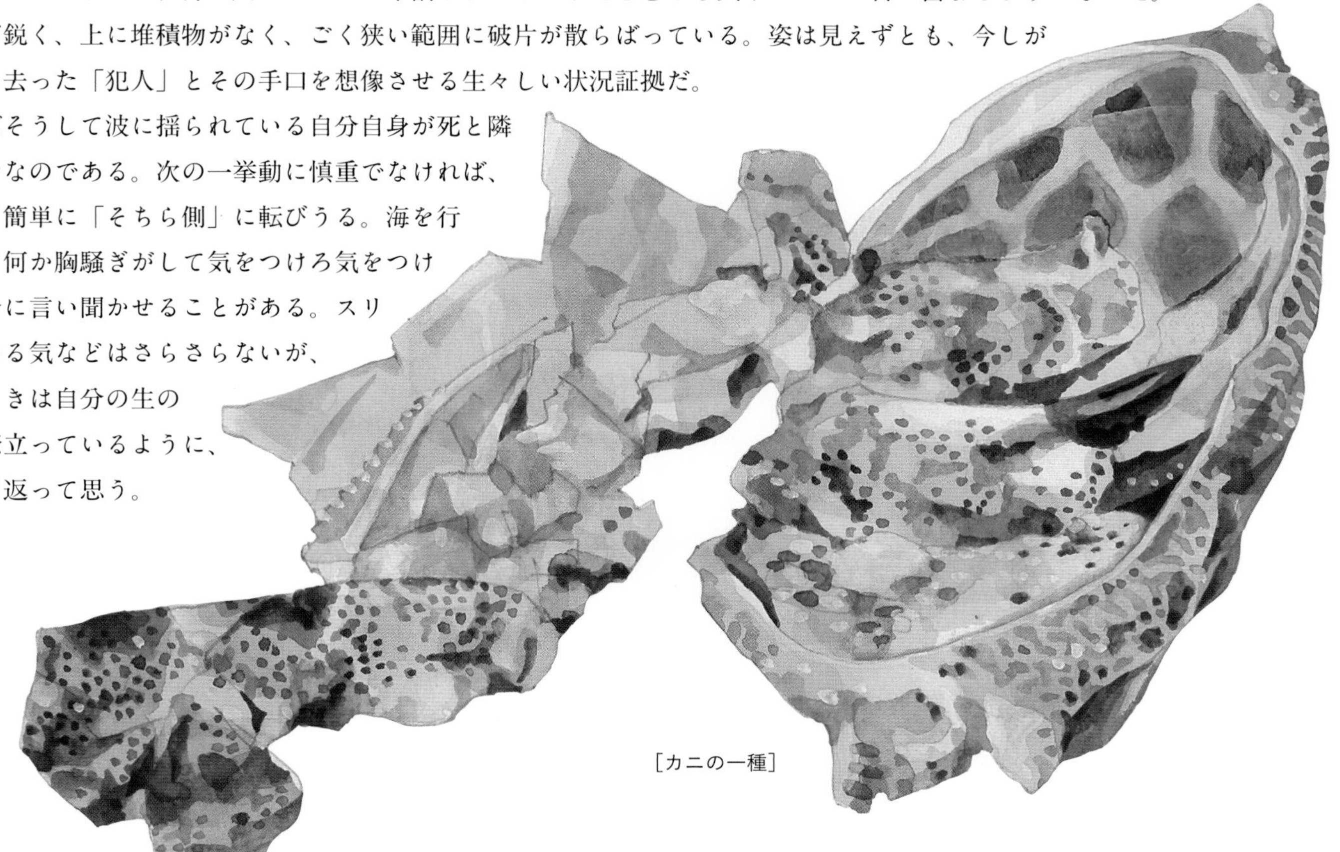

［カニの一種］

Ⅲ. 広がりゆく世界

不安混じりの高揚とともに足を踏み入れた初めての地で、海に臨む。
そこでの魚との出会いは、これまでの経験との連関において
僕の中に位置づけられ、新たな認識と想像をもたらす。
そうして、世界は息づいた像を結んでゆく。

世界は途方もなく大きいが、
時にたったひとつの手がかりが
小さく感じさせる

Engraulis mordax
体長：15cm
分布：北東太平洋
（バンクーバー島北部〜メキシコ）

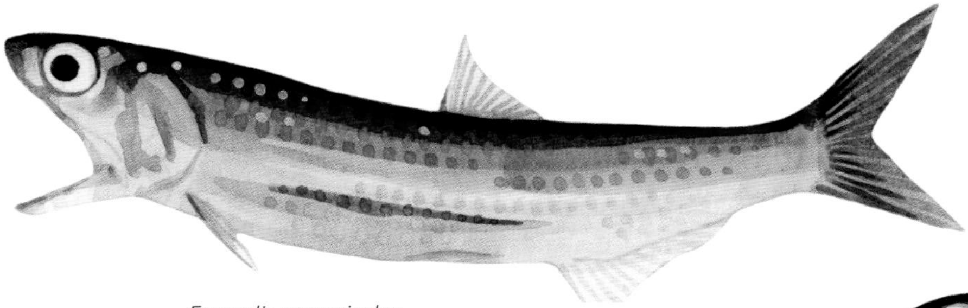

Engraulis encrasicolus
体長：14cm
分布：東大西洋、地中海、黒海、アゾフ海

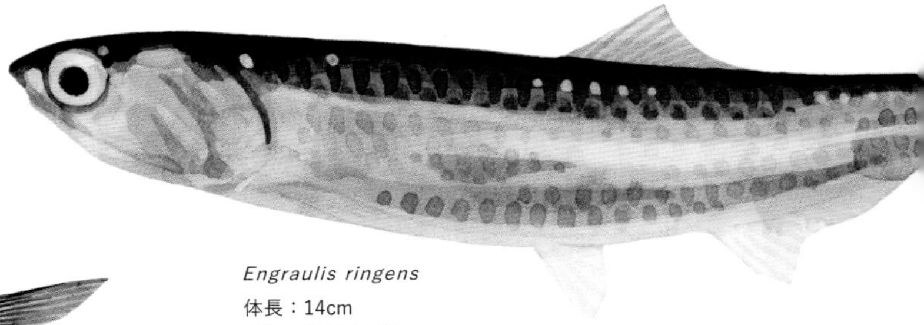

Engraulis ringens
体長：14cm
分布：南東太平洋
（ペルー〜チリ）

Engraulis eurystole
体長：8cm
分布：西大西洋
（マサチューセッツ州南部〜フロリダ州およびメキシコ湾北東部）

Engraulis capensis
体長：10cm
分布：南東大西洋
（南アフリカ、ナミビア）

［カタクチイワシ］

Engraulis japonica
カタクチイワシ科カタクチイワシ属
体長：10cm
分布：北海道〜九州南部、瀬戸内海／朝鮮半島、中国

Engraulis anchoita
体長：10cm
分布：南西大西洋
（ブラジル〜アルゼンチン）

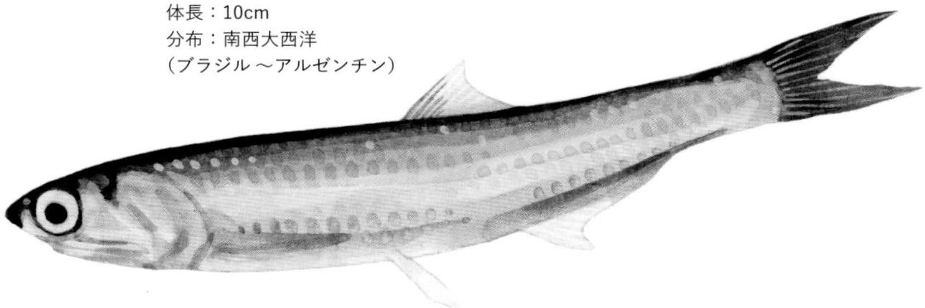

Engraulis albidus
体長：9.5cm
分布：地中海

Engraulis australis
体長：12cm
分布：南西太平洋
（オーストラリア、ニュージーランド）

子どものころ、煮干しの頭とわたを取るのをよく手伝った。大きく口を開いたり逆に食いしばったり、ひとつひとつの表情に見入りながら、妙な顔をした小魚だなと思っていた。水族館へ行くと、「カタクチイワシ」と書かれた水槽を、その顔のまま生きて泳いでいる。薄くて脆そうな鱗が、雲母のようにキラキラと光っていた。父と釣りをするようになって、初めて生きたものを手にした。絹のように滑らかで、繊細な筋肉の震えには愛おしさが湧いた。

そうして僕は自らが生きる日常の登場人物として、この異相の魚に確かな手触りを得ていった。しかし一方で、その範囲の外にある姿への想像力は失っていたのかもしれない。だから後に、かれらが世界各地に広く生息するということを知って驚いた。日本近海に固有の魚であると、特に意識することもなくいつの間にか思い込んでいたのだ。

中でも太平洋南東部のものは、全魚種を通じて世界最大級の漁獲量を誇るという。見た目は日本のカタクチイワシとほぼ変わらない。そこでも人々はこの魚を獲り、日々の糧としている。地球の反対側の食事の風景がいかに見慣れぬ料理や調度に満ちていたとしても、そこに並ぶ魚のひとつは僕が子どものころからよく知るカタクチイワシなのだ。

このことは、僕の認識に新たな遠近法をもたらした。世界は、それがすべて地続きであることを忘れるほどに途方もなく大きい。しかし、時にたったひとつの手がかりがその事実を思い起こさせ、手の届かんばかりに小さく感じさせる。それが、僕の場合は魚だった。

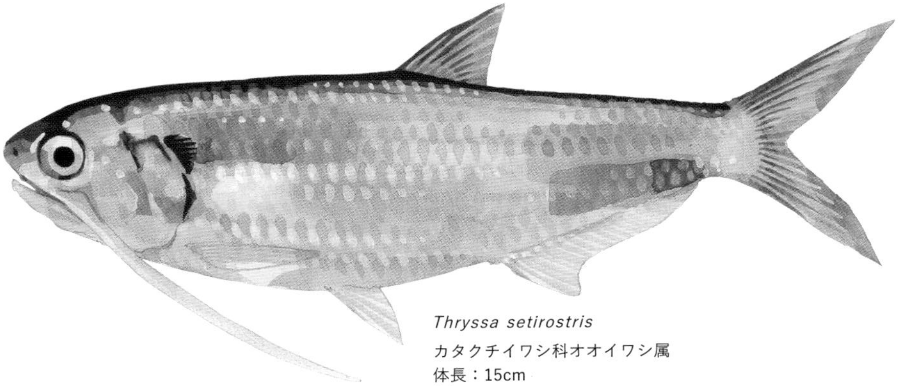

Thryssa setirostris
カタクチイワシ科オオイワシ属
体長：15cm
分布：インド・西太平洋

Anchoviella alleni
カタクチイワシ科ギンオビイワシ属
体長：8cm
分布：アマゾン川上流域（ウカヤリ川、マラニョン川、モロナ川）
淡水域に生息する

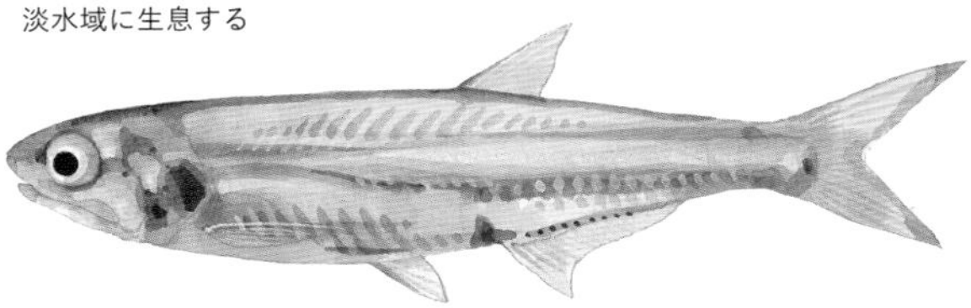

［アトランティック・アンチョベータ］
Cetengraulis edentulus
カタクチイワシ科ケテングラウリス属
体長：15cm
分布：アンティル諸島、キューバ以南、コロンビア、
ベネズエラ、トリニダード南部、ブラジル

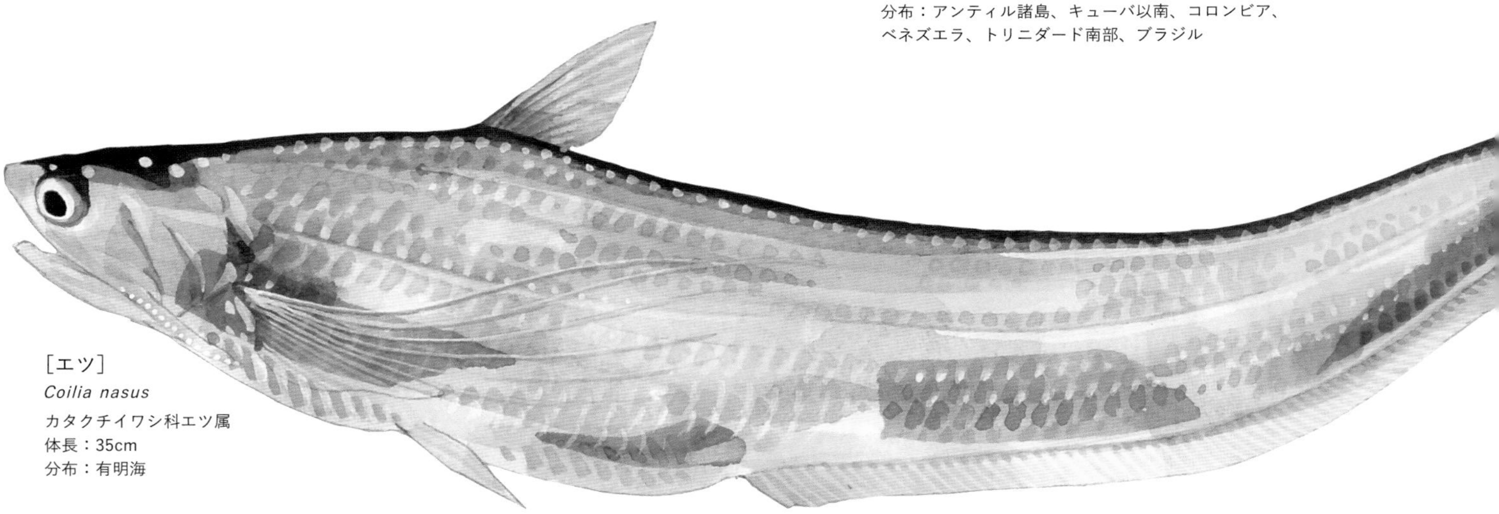

［エツ］
Coilia nasus
カタクチイワシ科エツ属
体長：35cm
分布：有明海

カタクチイワシ属の魚は前の見開きの通り 9 種だが、より上位の分類階級であるカタクチイワシ科全体を見渡すと、世界に 150 種ほどが存在するとされる。大きさや形、生息環境、生態はさまざまだが、みな揃って鼻先の突き出た独特の相貌の持ち主である。

［パシフィック・アンチョベータ］
Cetengraulis mysticetus
カタクチイワシ科ケテングラウリス属
体長：12cm
分布：メキシコ、バハカリフォルニアの南西海岸、
カリフォルニア湾〜ペルー北部

［ツマリエツ］
Setipinna tenuifilis
カタクチイワシ科ツマリエツ属
体長：18cm
分布：琉球列島／朝鮮半島、中国、東インド洋、
ニューギニア島、オーストラリア

Anchoa nasus
カタクチイワシ科トガリイワシ属
体長：8cm
分布：東太平洋（カリフォルニア湾〜ペルー）

Lycengraulis grossidens
カタクチイワシ科リュケングラウリス属
体長：20cm
分布：西大西洋

［スジイシモチ属の魚たち］

［タスジイシモチ］
Ostorhinchus novemfasciatus
テンジクダイ科スジイシモチ属
体長：8cm
分布：琉球列島／インド・太平洋、紅海

［コスジイシモチ］
Ostorhinchus endekataenia
テンジクダイ科スジイシモチ属
体長：10cm
分布：千葉県〜屋久島の太平洋沿岸、
小笠原諸島、兵庫県〜五島列島の日本海沿岸／
台湾、中国、シンガポール、ジャワ島、タイランド湾

［ミスジテンジクダイ］
Ostorhinchus taeniophorus
テンジクダイ科スジイシモチ属
体長：7cm
分布：千葉県〜琉球列島、小笠原諸島／インド・太平洋

［ミナミフトスジイシモチ］
Ostorhinchus nigrofasciatus
テンジクダイ科スジイシモチ属
体長：7cm
分布：神奈川県以南／台湾、中・西太平洋

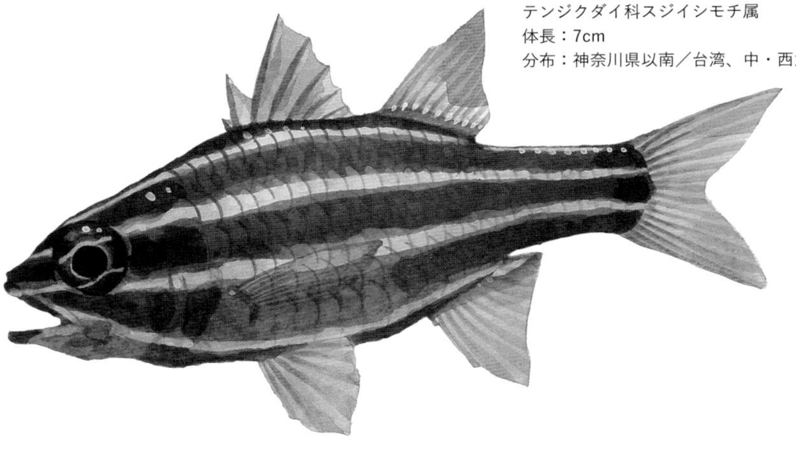

［スジイシモチ］
Ostorhinchus cookii
テンジクダイ科スジイシモチ属
体長：8cm
分布：千葉県以南／インド・太平洋

［ネンブツダイ］
Ostorhinchus semilineatus
テンジクダイ科スジイシモチ属
体長：8cm
分布：千葉県～九州南部の太平洋沿岸、
山形県～九州南部の日本海・東シナ海沿岸、瀬戸内海／
朝鮮半島、中国、西太平洋

［クロホシイシモチ］
Ostorhinchus notatus
テンジクダイ科スジイシモチ属
体長：8cm
分布：千葉県～屋久島の太平洋沿岸、琉球列島／
フィリピン諸島、パラオ諸島、ニューカレドニア

［カビテカーディナルフィッシュ］
Ostorhinchus cavitensis
テンジクダイ科スジイシモチ属
体長：7cm
分布：フィリピン南部～オーストラリア、インドネシアの一部

［オオスジイシモチ］
Ostorhinchus doederleini
テンジクダイ科スジイシモチ属
体長：10cm
分布：千葉県～屋久島の太平洋沿岸、
島根県～長崎県の日本海沿岸／
朝鮮半島、中国、オーストラリア

世界に広がりと深みをもたらす「色違い」の魚たち

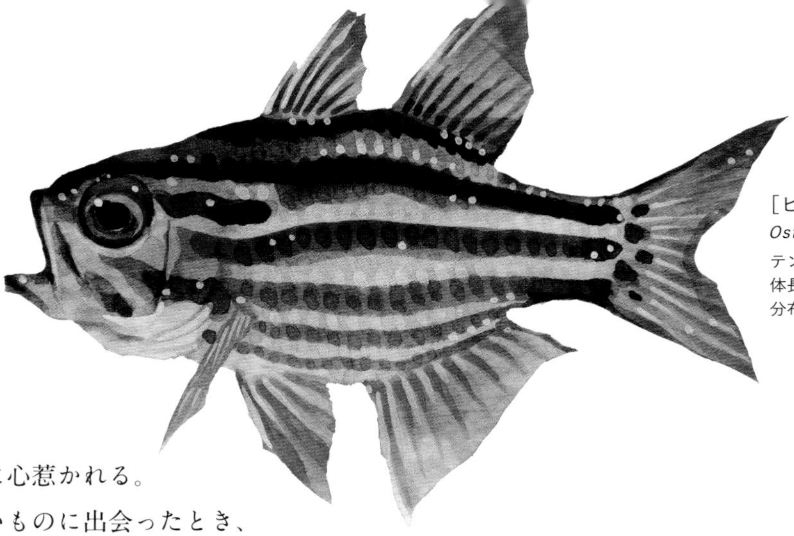

［ヒラテンジクダイ］
Ostorhinchus compressus
テンジクダイ科スジイシモチ属
体長：9cm
分布：奄美大島以南／インド・太平洋

「色違い」に心惹かれる。

何か新しいものに出会ったとき、
それが想像したことすらないようなものであれば最初の驚きは大きいが、それを深めるのは案外難しい。自分の世界に突如現れた離れ小島のようなもので、理解するには橋渡ししてくれる何かが必要になる。

その点、色違いは話が早い。既に知っているものとの関係において位置づけられるそれは、自らの世界を押し広げるのみならず、よく知っていたはずのものへも新たな見方を運んできてくれる。その高揚が、
色違いに魅せられる理由なのだろう。

その楽しみを求めて、新しい海に臨むと夜釣りに精を出す。十センチにも満たないスジイシモチ属の魚たちが、夜は活発に餌を求めるからだ。

赤くて小さいことから釣り人に「キンギョ」と呼ばれ、愛着混じりに軽んぜられるネンブツダイは、この仲間の代表格である。分布が北にまで広がっており手にする機会が多いからだが、一族が繁栄しているより暖かい海では、オオスジイシモチを筆頭に縦じま模様が入る種が多い。石垣島で見られる各種はその縦じまも様々で、もはや見分けが難しいほどだ。

そうして出会いを重ねるほどに、ありふれたものとして見えていたネンブツダイが、むしろこの仲間の中では「縦じまがない」点で異端なのだと知るようになった。するとまた久しぶりに釣ってみたくなる。
他種よりやや尖った鼻先や大きな口はふてぶてしさを醸し、果敢に北へと分布を遷移させていった開拓精神に似つかわしくも思える。

夜の海でかれらの姿を思いながら釣り糸を垂れるのは、そうして世界にさらなる広がりと深みを得るための、ささやかながら実に意味の大きな冒険なのである。

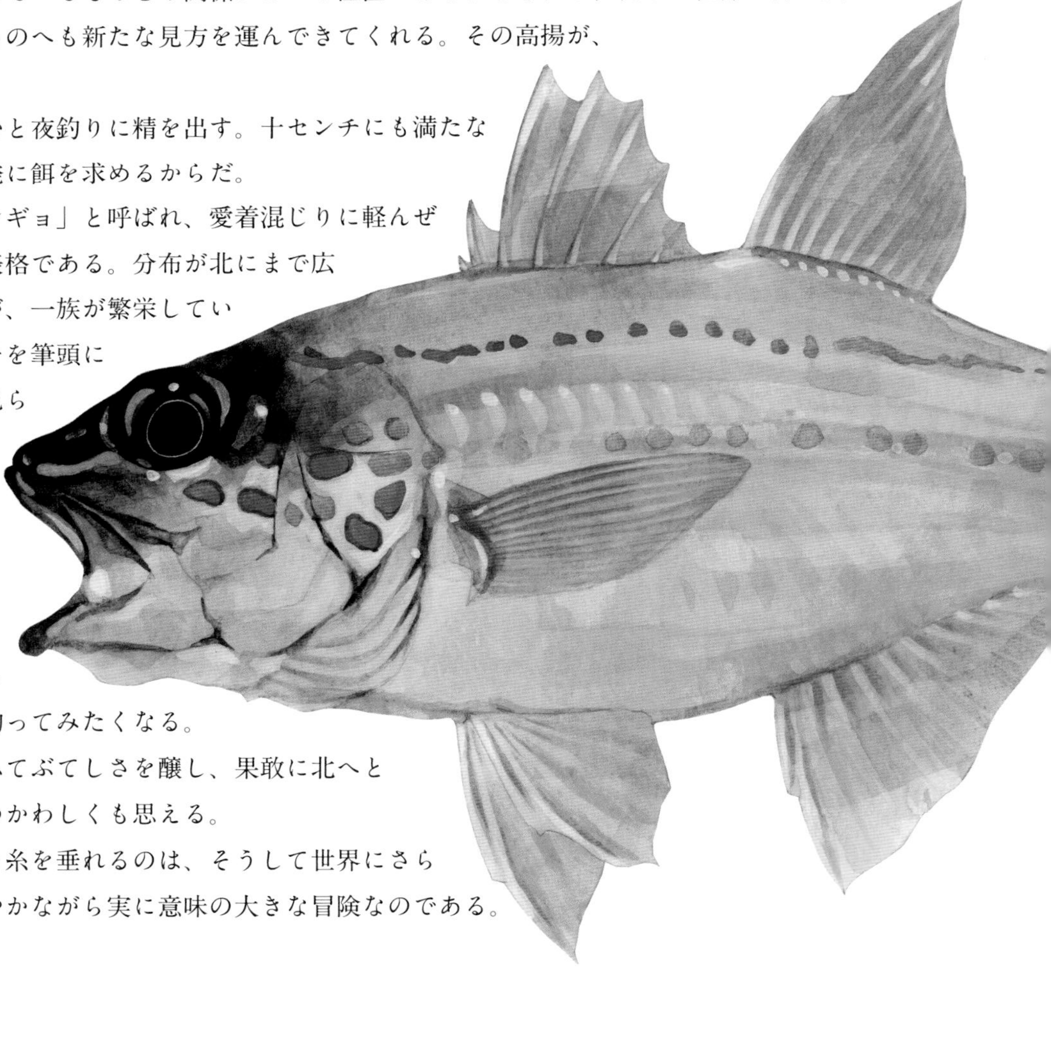

［キンセンイシモチ］
Ostorhinchus properuptus
テンジクダイ科スジイシモチ属
体長：6cm
分布：神奈川県〜高知県、小笠原諸島、琉球列島

［スポッテッドギル・カーディナルフィッシュ］
Ostorhinchus chrysopomus
テンジクダイ科スジイシモチ属
体長：9cm
分布：インドネシアのジャワ島・ボルネオ島〜ソロモン諸島・フィリピン北部

[メバル属の魚たち]

[シマゾイ]
Sebastes trivittatus
メバル科メバル属
体長：30cm
分布：北海道〜秋田県の日本海沿岸、
北海道〜福島県の太平洋沿岸／
朝鮮半島〜サハリン、千島列島

[タヌキメバル]
Sebastes zonatus
メバル科メバル属
体長：30cm
分布：北海道〜山口県の日本海沿岸、
北海道〜福島県の太平洋沿岸／朝鮮半島

[ヨロイメバル]
Sebastes hubbsi
メバル科メバル属
体長：15cm
分布：青森県〜三重県の太平洋沿岸、青
森県〜九州の日本海沿岸、瀬戸内海／
朝鮮半島、中国

[エゾメバル]
Sebastes taczanowskii
メバル科メバル属
体長：20cm
分布：北海道〜石川県の日本海沿岸、
北海道〜宮城県の太平洋沿岸／
朝鮮半島〜サハリン、千島列島

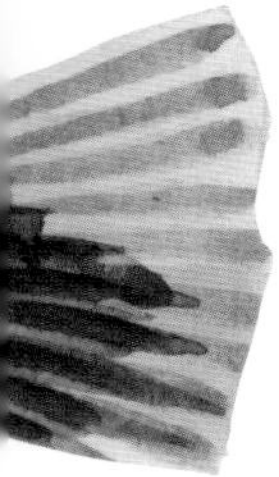

［キツネメバル］

Sebastes vulpes

メバル科メバル属

体長：30cm

分布：北海道〜山口県の日本海沿岸、

北海道〜福島県の太平洋沿岸／朝鮮半島

［クロソイ］

Sebastes schlegelii

メバル科メバル属

体長：40cm

分布：北海道〜長崎県の日本海沿岸、

北海道〜千葉県の太平洋沿岸、瀬戸内海／

朝鮮半島、中国、サハリン、千島列島

北へゆくほどに新たな顔を見せる
「色違い」たち

Sebastes maliger
メバル科メバル属
体長：30cm
分布：北東太平洋
（アラスカ湾〜中部カリフォルニア）

Sebastes caurinus
メバル科メバル属
体長：30cm
分布：北東太平洋
（アラスカ湾〜メキシコ）

Sebastes nebulosus
メバル科メバル属
体長：25cm
分布：北東太平洋
（アラスカ南東部〜南カリフォルニア）

［シロメバル］
Sebastes cheni
メバル科メバル属
体長：20cm
分布：青森県～三重県の太平洋沿岸、
青森県～九州北部の日本海沿岸、
瀬戸内海、有明海／朝鮮半島

石垣島に移り住む幸運を得て後は、スジイシモチ属を始め南の海で多様に繁栄する魚たちを追う楽しみにすっかり夢中になったが、東京に住んでいたころはメバル属のやはり「色違い」を求めて遠出を繰り返した。

食卓で馴染み深く、釣りの対象魚としても身近な「メバル」は、分類上はシロメバル、クロメバル、アカメバルの三種に分かれている。その名の通り体色や生息環境に異なった傾向があるとされるが、確実な同定にはひれのすじの数などを確かめる必要がある。そうして逐一見分けてゆくと、体色や生息環境の違いはやはり傾向に過ぎず、それに当てはまらない個体に触れるたびに小さな驚きや納得がある。

この仲間はまた、北へゆくほどに新たな顔を見せてくれる魚たちでもある。一見して光と色に溢れ、釣り糸を垂れるたびに異なる魚が色とりどりに揚がる南の海と違い、ひんやりした風が吹きすさぶ物寂しくも大きな堤防の片隅で、質実な気配の魚が力強く竿を引き込んで海面に姿を現す。それが北の海だ。

「ガヤ」の異名を持つエゾメバルは、確かにガヤガヤと夜の岸壁沿いに群れ佇んでおり、一晩中数限りなく釣れそうだった。クロソイはその昔大阪湾でも愛らしい幼魚を時おり手にしたが、北海道では野性的な顔つきの大型個体がいともたやすく釣れた。キツネメバルの幼魚を初めて見たときは、雪に覆われた林を絵にしたような冷たい青みの美しさに嘆息した。

地球上にメバル属は百種以上が存在しているとされる。大半は太平洋北部に生息するが、太平洋南部や大西洋に産する異端児もおり、中には三千メートル級の深海を住み処にするものもあるらしい。それらを図鑑で眺めるとき、地球のあちこちに意識を届かせる楽しさを感じる。

［アカメバル］
Sebastes inermis
メバル科メバル属
体長：18cm
分布：北海道・積丹半島～長崎県の日本海沿岸、
青森県～紀伊水道の太平洋沿岸、瀬戸内海、宮崎県／朝鮮半島

［クロメバル］
Sebastes ventricosus
メバル科メバル属
体長：20cm
分布：青森県～長崎県の日本海沿岸、青森県～紀伊水道の太平洋沿岸、瀬戸内海、高知県

［セグロマツカサ］
Myripristis violacea
イットウダイ科アカマツカサ属
体長：20cm
分布：琉球列島以南／インド・西太平洋

［ツマグロマツカサ］
Myripristis adusta
イットウダイ科アカマツカサ属
体長：20cm
分布：琉球列島以南／インド・西太平洋

異国の市場で鱗を剝がれる姿を、誇らしい気持ちで見る

アカマツカサ属の魚が釣れると、少し身構える。見分けが難しいのだ。図鑑に書かれた種ごとの特徴を頭に入れて臨んでも、現実の魚は常にぴったり当てはまるわけではない。突き詰めた同定には解剖するしかない場合もある。そこまでは求めない気楽な釣りだから、外見で辿り着けるところまで正体に近づければそれでよしと妥協している。

本州では縁がなかったが、移住後は日々の釣りで親しんでいる。ひとり分のおかずに十分な大きさのものが釣れることもあるし、分類上キンメダイ目に属すると聞けば、俄然おいしそうに見えてくる。ところが、鱗が硬くて調理しにくいことが嫌がられるのか、ほとんど流通しないし釣り人の評価も芳しくない。僕も食べたことがないままだ。

魚を見ることを目的に、ベトナムを旅したことがある。南部の都市ファンティエットから船で渡った離島には、石垣島によく似たサンゴ礁が広がっていた。早朝、市場へ行くと、まだひんやりと冷たいタイルの上にこの仲間が盛られている。主の女性は客と談笑しながら、木の棒に何本も釘を打ちつけた道具でガリガリと鱗を剝いでいた。みな顔なじみといった風で、気後れしてその種を見分けられるところまでは近づけなかったけれど、ここでは日常的に食べられているらしいことは分かった。なんだ、やっぱりおいしいんじゃないか。プライベートの顔しか知らない仲良しの友達が、仕事で大活躍している評判を伝え聞くような、どこか誇らしい気持ちになった。

［アカマツカサ属の魚たち］

［アカマツカサ］
Myripristis berndti
イットウダイ科アカマツカサ属
体長：25cm
分布：小笠原諸島、琉球列島／インド・太平洋

［ツマリマツカサ］
Myripristis greenfieldi
イットウダイ科アカマツカサ属
体長：20cm
分布：高知県以南の太平洋沿岸、琉球列島、小笠原諸島

［マルマツカサ］
Myripristis hexagona
体長：15cm
分布：琉球列島以南／インド・西太平洋

［ヨゴレマツカサ］
Myripristis murdjan
イットウダイ科アカマツカサ属
体長：25cm
分布：琉球列島／インド・西太平洋

［アオスジエビス］
Sargocentron tiere
イットウダイ科イットウダイ属
体長：30cm
分布：琉球列島／インド・太平洋

［アヤメエビス］
Sargocentron rubrum
イットウダイ科イットウダイ属
体長：20cm
分布：伊豆諸島、相模湾以南の太平洋沿岸、琉球列島／
インド・西太平洋、紅海、東地中海

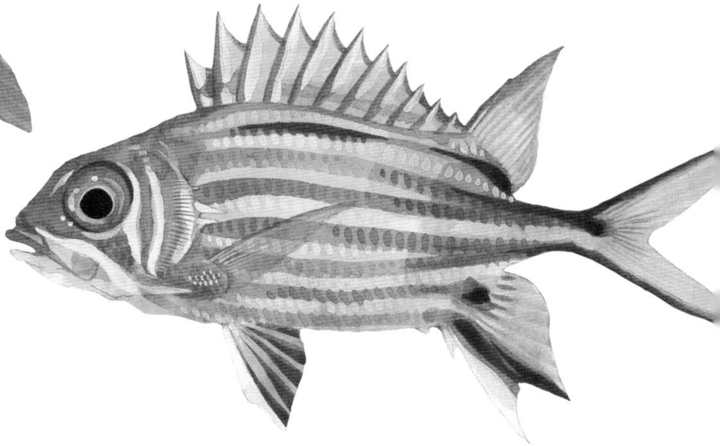

［トガリエビス］
Sargocentron spiniferum
イットウダイ科イットウダイ属
体長：40cm
分布：八丈島〜小笠原諸島、和歌山県〜九州の太平洋沿岸、琉球列島／
インド・太平洋

［イットウダイ属の魚たち］

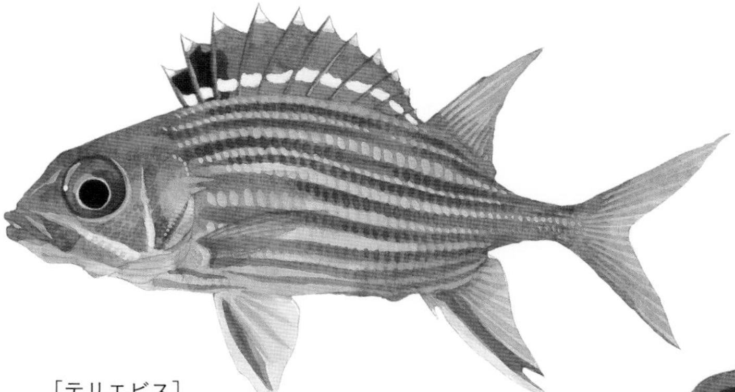

［テリエビス］
Sargocentron ittodai
イットウダイ科イットウダイ属
体長：15cm
分布：千葉県〜九州の太平洋沿岸、琉球列島、
八丈島、小笠原諸島／インド・太平洋

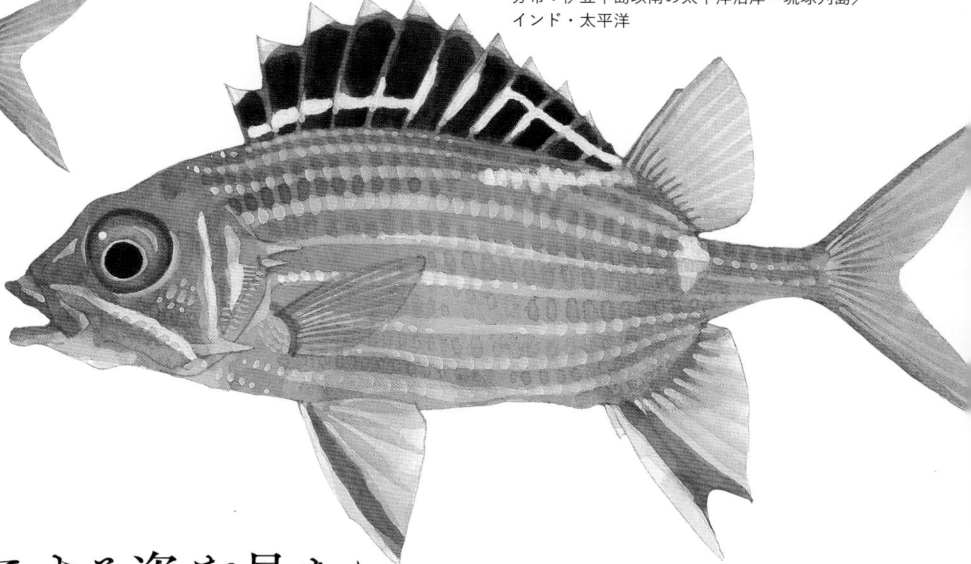

［ニジエビス］
Sargocentron diadema
イットウダイ科イットウダイ属
体長：15cm
分布：伊豆半島以南の太平洋沿岸〜琉球列島／
インド・太平洋

サンゴ礁の魚が、冷たい海で生き抜こうとする姿を見たい

石垣島の夜釣りで、スジイシモチ属やアカマツカサ属と並んでよく目にするのが、「〇〇エビス」と名の付いたイットウダイ属の魚たちだ。かれらもまた南西諸島を中心とした暖かい海に棲んでいる。

太平洋岸を北上する黒潮の影響で、紀伊半島や伊豆、房総に至るまで南方系の魚が見られるのは、海の生き物好きの間ではよく知られたことだ。しかし石垣島へ移り住む前の僕は、そこに興味がなかった。海流や気候に左右されるかれらは不安定な存在で、辿り着いても冬の寒さに死に絶えるかもしれないし、仮にひと冬を乗り切ったとしてもそのまま定着できるとは限らない。それを追ってやきもきするよりも、いつもそこにいる魚を安心して見ていたかったのだ。

移住し、別世界のように暖かく光に満ちたサンゴ礁の海を知った僕は、その住人と本州の海で巡り会うことの面白さにようやく気がついた。島で見慣れた顔ぶれが、冷たい海で生き抜こうとする姿を見たい。そう思って、年末の紀伊半島を旅することにした。詳しい友人に教えを乞うと、黒潮の影響が大きいという場所をいくつか挙げてくれた。

電車を乗り継いで到着してみると、やはり寒い。手持ちの防寒具をすべて着込んで夜の港に向かう。島ではなお海に足を浸けて釣りができる暖かさなのだ、いくら黒潮が当たるといっても同じ魚がいるとは思えない。半信半疑で竿を出すと、ニジエビスが釣れた。まさに見慣れた顔である。

子どものころ、父と何度かこのあたりまで足を延ばして釣りをしたことを思い出した。南の海など考えもしなかった当時も、足下にはこうしてつながりを示す魚がいたのかもしれない。思い出の中の釣りが、また新たな色を帯びた気がした。

ベトナム南部の離島に渡ったとき、リエンさんという女性の家族にお世話になった。当地に多く見られる青磁色の石造りの家で、庭先には細長い魚の開きが干してあった。唐辛子の入った液をくぐらせたもののようだった。僕が釣りをしに来たということを知って、その開きを作った残りのアラを餌として手渡してくれた。えら蓋の青い斑紋で、それがオキザヨリであると分かった。石垣島でも多く見られるダツの一種である。

夕方、海に突き出た長い堤防で釣りをした。リエンさんは面倒見が良く、ああしろこうしろと指図した。留めてあるオンボロ船に飛び移ってやってみろ、と身振りで示すのでその通りにすると、船室で寝ていたおじさんが出てきて僕はひどく驚いた。その様子を見てリエンさんは手を叩いて笑い、おじさんも笑った。

夕飯をご馳走になり、僕は再び夜の海に出た。アラの餌は実によく釣れた。翌日の昼も夜も、さらにその翌朝も、親切なその家族に食事をご馳走になり、腹が満たされると釣りに出た。一切の損得勘定なしに、などと虚ろな美談にするつもりはない。しかしリエンさんたちの真心あるもてなしに、僕は人に対して開かれた心のありようを学ばされた気がした。

その離島への渡航には煩雑な手続きが必要で、外国人の立ち入り規制は強化されつつある。もう二度とかれらの元を訪ねることはないのかもしれない。

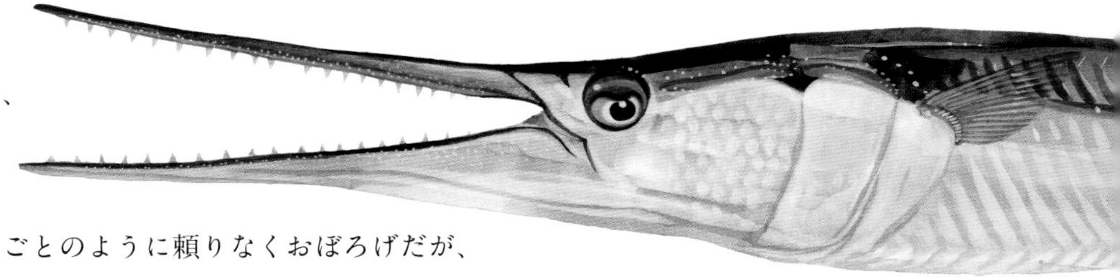

しかし石垣島でオキザヨリを釣るたびに、かれらが今日もあの島で、庭先に魚を干し、ハンモックで犬とくつろぎ、エンジンのかかりの悪いバイクに乗って暮らしていることを思う。その景色は夢に見たできごとのように頼りなくおぼろげだが、手の中のオキザヨリの青い斑紋が、それを確かな事実だと教えてくれるのである。

青い斑紋が、
はるか遠い島に暮らす一家のことを思わせる

［オキザヨリ］

Tylosurus crocodilus crocodilus

ダツ科テンジクダツ属
体長：130cm
分布：青森県～九州南部の太平洋・日本海沿岸、
屋久島、琉球列島／朝鮮半島、台湾、東太平洋を除く世界中の熱帯～温帯域

［リュウキュウダツ］

Strongylura incisa

ダツ科ダツ属
体長：70cm
分布：琉球列島以南／
東インド・西太平洋の熱帯～亜熱帯海域

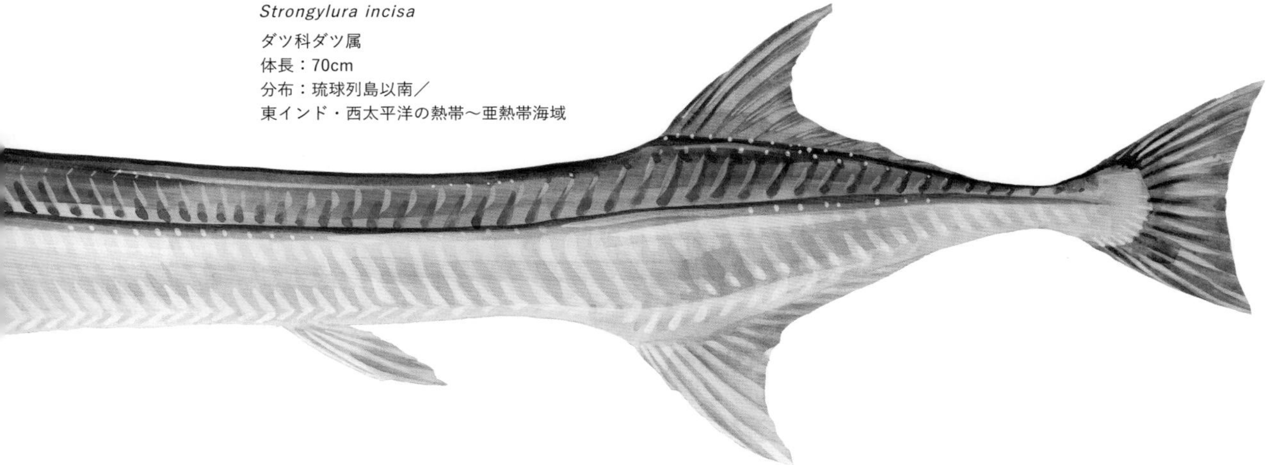

一転して憧れになった魚を求めて旅は続く

ベトナムの離島での夜釣りでまず釣れたのは、石垣島でもよく見るバンダイシモチだった。はるばるここまで来て見慣れた魚とは……と苦笑いしつつも、仕掛けを沈めると同時に反応がある楽しさに引き込まれ、一晩で三十尾以上釣った。

あくる朝、その場所で、形は同じだが色と模様のまるで違う魚が釣れた。初めて見るホソスジナミダテンジクダイだった。そこでふと迷いが生じた。昼夜で色や模様が変化する魚は多い。前夜にたくさん釣れたのも、ホソスジナミダテンジクダイだったのではないか。夜の体色だったため、バンダイシモチと見間違えていたのかもしれない。

図鑑やネットで調べたが、昼夜にわたって両種の姿を比較した情報は見つけられなかった。悩んだ挙句、この仲間に関する論文を発表されていた海外の研究者の方にメールで質問することにした。返事はすぐに返ってきた。僕が夜の海で入れ食いを楽しんだのは、ホソスジナミダテンジクダイであるとのことだった。彼はまた見分ける上で注目すべき特徴についても教えてくれた。それに従って過去の写真を見返してゆくと、石垣島でバンダイシモチだと思って釣っていた魚も、すべてホソスジナミダテンジクダイであると分かった。

そこで僕には重大なミッションが発生した。一転してまだ見ぬ憧れの魚となったバンダイシモチの実物を手にし、違いを把握しなければならない。奄美大島で釣れているという情報を得て、行先も決まった。こうして、魚に導かれての旅が続いてゆく。

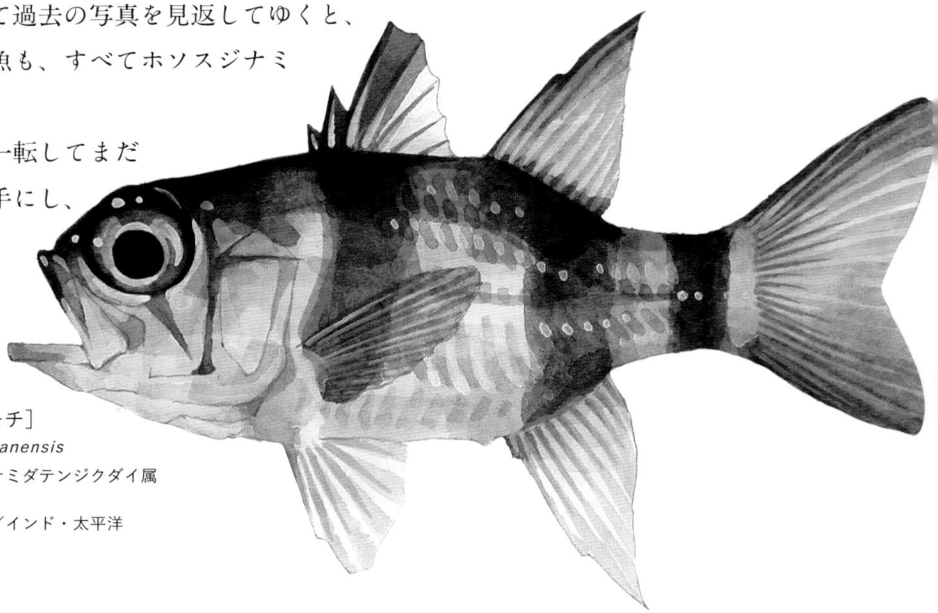

［バンダイシモチ］
Nectamia bandanensis
テンジクダイ科ナミダテンジクダイ属
体長：8cm
分布：琉球列島／インド・太平洋

[ナミダテンジクダイ属の魚たち]

[ホソスジナミダテンジクダイ]（昼間）
Nectamia fusca
テンジクダイ科ナミダテンジクダイ属
体長：8cm
分布：奄美大島以南／
西太平洋、トンガ諸島、サモア、フェニックス、マーシャル諸島、紅海

[ホソスジナミダテンジクダイ]（夜間）

[ナミダテンジクダイ]（昼間）
Nectamia savayensis
テンジクダイ科ナミダテンジクダイ属
体長：8cm
分布：琉球列島／台湾、インド・太平洋

[ナミダテンジクダイ]（夜間）

夢の魚に巡り会わせてくれた異国の海での好意

［アフリカチヌ］
Diplodus vulgaris
タイ科ディプロドゥス属
体長：25cm
分布：東大西洋、地中海、黒海

[シャープスナウトシーブリーム]
Diplodus puntazzo
タイ科ディプロドゥス属
体長：25cm
分布：東大西洋、地中海、黒海、南アフリカ沖

以前、ポルトガルとスペインからの仕事で立て続けにアフリカチヌを描いた。名に反して日本のチヌ（クロダイ）と近縁ではないけれど、尖った吻と青ざめた頬は確かに似た雰囲気を醸している。一方で、黒帯の大胆さや、銀灰色の中に潜む色の華やかさは、日本の魚にないものだった。僕は強烈に惹かれ、この魚をいつか手にする日が来るだろうかと夢想した。実際のところは叶わないだろうと諦める気持ち含みで。

しかし二年後、早くも両国を旅する機会が訪れた。当然、アフリカチヌは重要な目的のひとつになった。滞在二日めにしてバルセロナの港内を泳ぐ姿を見かけたが、釣り禁止の区域だったので歯噛みして見送った。手の届くところにいる、その確信だけは得て次の目的地であるパラモスに向かった。

パラモスは小さな港町で、足場の良い磯が広がっていた。腰を落ち着けて釣り始めると、少し離れた岩場に陣取ったおじいさんが、時おり呼ばわるように何か話しかけてくる。カタルーニャ語を解さない僕は、そのたび曖昧な返事をした。

スーパーで買った塩漬けのアンチョビは釣り餌に適していないのか、釣果のないまま日は暮れていった。おじいさんのいる岩場へ渡って別れの挨拶をすると、「釣れたか」と身振りで訊く。「釣れない」と答えると、餌のゴカイを一匹、箱から取り出して渡してくれた。釣り道具はもう仕舞っていたけれど、せっかくの貴重な生き餌だ。もう一度竿をセットした。

すっかり暗くなった海に仕掛けを放ると、すぐに反応があった。生き餌の効力に舌を巻く。岩に引っかかるなと祈りながらリールを巻き、海面に浮かんだ魚に目を凝らした。アフリカチヌだった。信じられないような思いで、海藻に足を滑らせながら魚体を押さえ、バケツに確保した。

おじいさんに興奮とお礼を伝えたいのだけれど、なんと言っていいのか分からない。懐中電灯を振って「ペスカ（釣り）！」と呼びかけると、寝ぼけたようなくぐもった声がのんびり返ってきた。

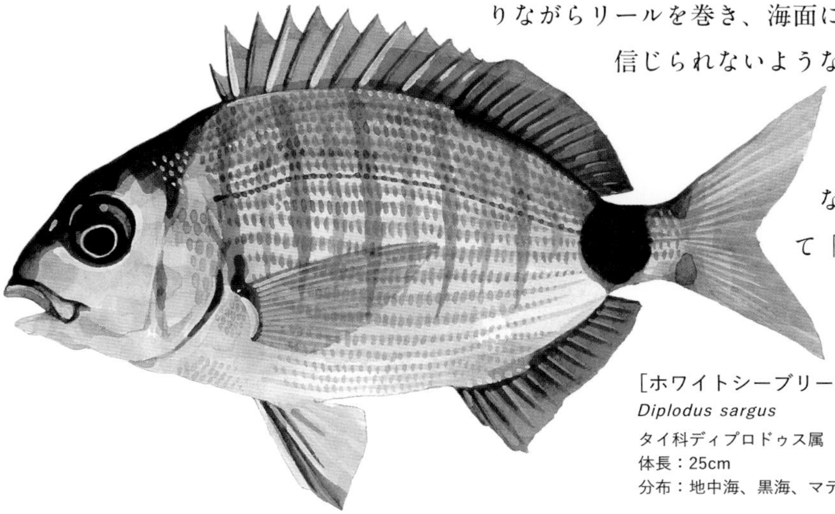

[ホワイトシーブリーム]
Diplodus sargus
タイ科ディプロドゥス属
体長：25cm
分布：地中海、黒海、マディラ諸島

［スポッテッドシーバス］

（未成魚）

Dicentrarchus punctatus

モロネ科ディケントラルクス属

体長：60cm

分布：東大西洋／地中海、スエズ湾

魚ひとつで通じ合える友人を
どこでだって得られるのかもしれない

ポルトガルの港町で夜釣りに出た。オレンジ色の街灯に照らされた石畳のくねくね道を抜けると、広い岸壁に点々と釣り人の灯りが見える。釣りができる場所ではあるらしいとひとまず安堵した。

魚の反応を求めて港内を歩き回っていると、釣り人の一団が話しかけてきた。フランスから来たのだという。僕のルアーを見て、それじゃダメだ、と自分たちの餌箱から生き餌を取り出して分けてくれた。お礼を言って立ち去ろうとすると、「ここでやれ」と手を引っ張る。言われるままに仕掛けを沈めて待っていると、ゴツンと力強い反応があった。釣れたのはスポッテッドシーバス。日本のスズキに似ているが、顔つきがやや丸く全身に斑点が散らばっている。

喜んでカメラを向けていると、なぜ撮るのかと訊いてくる。魚の絵描きだから資料にするんだよと言うと、それからは何か釣るたびに見せに来てくれた。いずれも、見慣れぬ表情の中に日本の魚の面影が覗く。興奮し、這いつくばって何枚も写真を撮る僕の周りで、かれらも楽しそうに笑っていた。魚の絵のポストカードをお礼に渡して別れた。

翌日、長距離バスでスペインに戻った。車窓の外に延々と広がる小麦色の山々を眺めながら、世界のどこでだって魚ひとつで通じ合える友人を得られるのかもしれない、と旅先特有の感傷的な高揚とともに思った。

［スズキ］
Lateolabrax japonicus
スズキ科スズキ属
体長：80cm
分布：北海道南部〜九州／朝鮮半島

[イソギンポ属の魚たち]

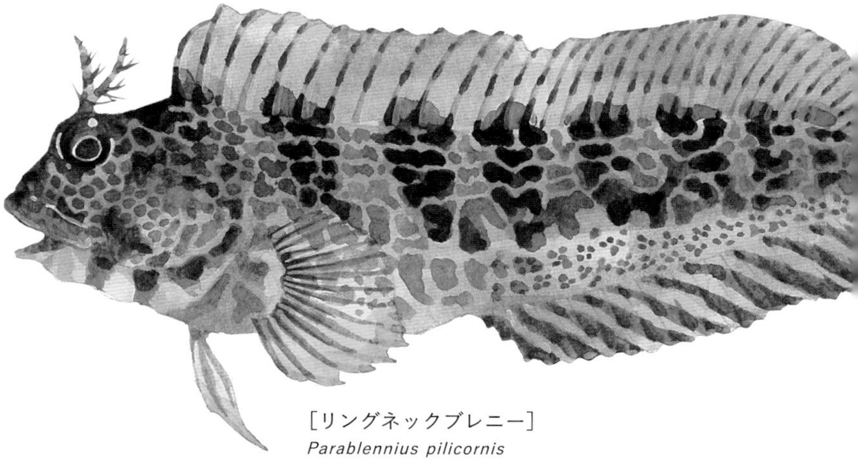

[リングネックブレニー]
Parablennius pilicornis
イソギンポ科イソギンポ属
体長：10cm
分布：南西大西洋、東大西洋
地中海、南アフリカ、オマーン湾

[イソギンポ]
Parablennius yatabei
イソギンポ科イソギンポ属
体長：7cm
分布：北海道〜九州南部の沿岸、瀬戸内海、奄美大島／
朝鮮半島、中国

[ラスティーブレニー]
Parablennius sanguinolentus
イソギンポ属イソギンポ科
体長：15cm
分布：東大西洋、地中海、黒海

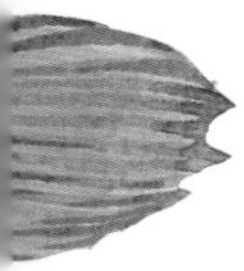

世界はやはり途方もなく大きく、そして手が届くほどに小さい

スペイン、ポルトガルを巡る一ヶ月間の旅の最後の夕暮れは、バルセロナ郊外の小さな堤防の先で迎えた。イベリア半島を点々と一周する間、釣りに関して言えば州ごとに異なるライセンス取得の煩雑さや釣り禁止区域の把握に都度悩まされ、気疲れした感があった。しかしバルセロナのあるカタルーニャ州はライセンス取得が容易であり、地元の釣り人もよく見かけるため、最後の釣りに相応しいホッとした気持ちで竿を出していた。

生き餌も手に入れ、数投に一度は必ず反応のある楽しい釣りだった。釣れるのはイソギンポの類が圧倒的に多かった。足下の岩場に身を潜め、円く愛らしい目を光らせて餌を待っているのだろう。二十五年前、父との釣りでしばしば持ち帰った小さなイソギンポも、水槽でそうしてキョロキョロと目を動かしていた。

そんな記憶を胸に、改めて地中海のイソギンポたちをまじまじと見つめる。あるものは片手に余るほどでっぷりと大きく、高々と張り出した背びれの迫力に惚れ惚れする。またあるものは繊細な網目模様を持ち、その奥に潜む複雑な色合いに見飽きない。ガウディが学んだというこの地の自然物の美を、かれらも確かに備えているようだった。

遠く隔たった地中海と日本とで、同属に分類される魚たちが、それぞれの土地の気配を身に纏いつつ泳いでいる。世界はやはり途方もなく大きく、そして手が届くほどに小さい。そのことを思いながら、すっかり日の暮れた堤防を引きあげた。

［トムポットブレニー］
Parablennius gattorugine
イソギンポ科イソギンポ属
体長：18cm
分布：北東大西洋・地中海

あとがき

何かを期待して海へ行く。大抵の場合、その期待は裏切られる。裏切られることに次第に慣れ、そこまで織り込むようになると、今度は不意に期待通りの出来事が起こる。結局のところ、海はどこまでも思い通りにならない。

そんな経験を重ねるうちに、だからこそ海が好きなのだと気づき始めた。思い通りにならないこと、それは相手が厳然と他者である証だ。そして常に他者こそが僕の世界に驚きをもたらし、広げ、色づけてくれる。

この世界は登場人物も含めすべてが「私」の心の中のスクリーンの映像に過ぎない、つまり「私」の外部に他者は存在しないのではないか、という哲学上の問いがある。十代半ばまではしばしばこの問いに引き込まれたけれど、今では確信をもって「そんなはずはない」と思う。そも僕の世界を息づかせているのが、この愛おしい不如意、他者に他ならないからだ。

人の数、命の数だけ、僕が持っているのと同じ世界がある。その事実を僕は畏敬する。そしてそれらが接し、重なり合うところに鼓動している自らの生を愛する。

そんな畏敬や愛は、簡単に忘れてしまえるものでもある。でも魚を追っている限り、僕はそれらを手放さずに生きられるんじゃないかと薄っすら信じている。

本書の企画が立ち上がってから、幾度となく立ち止まり、考えを覆し、その度に絵も文章も進めあぐねた。お声がけから今日まで粘り強く付き添ってくださった河出書房新社編集部の朝田明子さん、作業面・精神面ともここぞでいつも支えてくださったアマナの佐藤暁さん、素材の遅れにもかかわらず内容まで酌んで大胆にデザインしてくださったセキネシンイチさんを中心に、多くの方々とご一緒させていただき、形にできたことに心からお礼申し上げます。

また、文章の一部は共同通信社から配信された「絵描きの釣魚譚」を改編したものであり、原文執筆時に編集していただいた同社の辻将邦さんにも感謝しています。

そして今日に至るまで僕に関わってくださった、両親親族・友人・恩師・絵をご覧くださるお客さま、そんなすべての「他者」のみなさまに、改めてお礼申し上げます。ありがとうございます。

掲載魚種一覧

長嶋祐成（ながしま・ゆうせい）

1983年大阪府生まれ。魚譜画家。京都大学総合人間学部卒。幼いころから魚・昆虫を中心に、生きものに親しみつつ絵を描くことを楽しむ。デザイン会社勤務などを経て、現在は、石垣島にて画家活動に専念。著書に『きりみ』（河出書房新社）。

編集協力：佐藤暁（アマナ／ネイチャー&サイエンス）

本文中、下のページの文章は、
共同通信配信の記事に加筆・修正したものです。
10、12、14、16、22、26、30、32、34、48、50、54

参考資料

中坊徹次編／監修『小学館の図鑑Z 日本魚類館』小学館、2018年
岡村収・尼岡邦夫編／監修『山溪カラー名鑑 日本の海水魚』山と溪谷社、1997年
瀬能宏監修『決定版 日本のハゼ』平凡社、2004年
奥谷喬司編著『新装版サンゴ礁の生きもの』山と溪谷社、2006年
「FishBase」https://www.fishbase.se/
「WEB魚図鑑」https://zukan.com/fish/
「ぼうずコンニャクの市場魚貝類図鑑」https://www.zukan-bouz.com/

THE FISH
魚《さかな》と出《で》会《あ》う図《ず》鑑《かん》

2020年6月20日　初版印刷
2020年6月30日　初版発行

著　者　長嶋祐成
発行者　小野寺優
発行所　株式会社河出書房新社
〒151-0051　東京都渋谷区千駄ヶ谷2-32-2
電話03-3404-1201（営業）　03-3404-8611（編集）
http://www.kawade.co.jp/

装丁・組版　セキネシンイチ制作室

印刷・製本　図書印刷株式会社

Printed in Japan
ISBN978-4-309-29079-9